一个人最丑陋的样子莫过于
一边痛恨所谓的不公平，
一边又安于现状，
像一条晒干了的咸鱼。

| By 老杨的猫头鹰 |

《最怕你一生碌碌无为，还安慰自己平凡可贵》

你之所以要非常努力，
是为了让自己成功的速度
超过父母老去的速度

| By 老杨的猫头鹰 |

《最怕你一生碌碌无为，还安慰自己平凡可贵》

人呐，
真得靠自己努力、自己争气，
一旦你做出些成绩来了，
全世界都会对你和颜悦色。

| By 老杨的猫头鹰 |

《最怕你一生碌碌无为，还安慰自己平凡可贵》

悄悄地去努力吧，
等变厉害之后，蹦出来，
把曾经看不起自己的人吓一大跳，
这才是你现在需要当作目标的事。

| By 老杨的猫头鹰 |

《最怕你一生碌碌无为，还安慰自己平凡可贵》

现在，

你不努力让自己过上想要的生活，

那么以后，

你就会用大把的时间，

去应付自己不想要的生活。

最怕你一生碌碌无为，还安慰自己平凡可贵

老杨的猫头鹰 著

新世界出版社
NEW WORLD PRESS

当你不够强时，

你发的一切飙和牢骚，你落的任何眼泪和汗水，

在别人看来都只是个笑话。

如果你把所有浪费在寻找捷径、自欺欺人、

怨天尤人上的时间加起来，

现在可能已经完成了艰苦的工作。

如果你不肯努力，又不肯冒险，

你就永远没资格对这个世界指手画脚，

就永远不要觉得这个世界欠你什么！

悄悄地去努力吧，等到变厉害之后，

再蹦出来，把曾经看不起自己的人吓一大跳，

这才是你现在需要当作目标的事。

不要轻言放弃，但凡有了第一次，你的人生就会习惯性地知难而退，

可是如果你克服了，你的人生则会习惯于乘风破浪。

这看似只是一个简单的选择，其实影响非常大，

它带来的是截然不同的人生。

自序

凌晨两点了，你还在短视频、电视剧、游戏里无法自拔；周末两天，你宅着追剧、游戏，吃饭只吃外卖，垃圾都懒得出门去扔；白天忙着聊微信，晚上忙着刷抖音，临睡之前回想这一天，竟然不知道自己究竟都做了什么。

做事没有主见，做人没有原则，说话没有逻辑，只能通过网络上的语录来彰显自己思想上的高深，通过搞笑的段子或者视频来让自己获得短暂的快乐，通过追星和刷剧来填补自己情感上的空缺。

长此以往，你活得就像一个嗷嗷待哺的婴儿，只会张嘴等人来喂；你遇事就像一个内心脆弱的怨妇，只会逢人就抱怨“没有人告诉我，我怎么知道要怎么做啊”。

落后了就急得睡不着觉，被批评了就消极地认为这辈子完蛋了，被社会毒打了就满肚子委屈和怨念。

我想提醒你的是：如果一件事情，你舍得花时间，你不可能不擅长它；如果一件事情，你既擅长，又舍得花时间，你不可能得不到回报。

一个人要多么“鞠躬尽瘁”地浪费时间，才能在如此漫长的人生中做到一事无成呢？

你用十年的时间练字，字一定可以练得很好；你用十年的时间练球，球也一定可以打得很酷；你用十年的时间读书，书也一定可以读通。

但如果你用十年的时间玩手机、打游戏、刷视频，那你能得到什么？只是苍老、平庸、无聊、碌碌无为，以及无尽的懊悔罢了。

所以，不要随便找几个参照物就堕落得心安理得，不要抱着“我注定平凡”的心态过你仅有一次的人生，不要把这宝贵的青春献给无知、平庸和低俗。

借这本书再版的机会，我想认真地和你聊一下：关于我对“不知道该怎么努力”“为什么一定要努力”以及“不努力，平平凡凡地过一生不就行了吗”之类问题的10个观点。

1. 当你不知道该做什么的时候，就把手头上的小事做好；当你不知道该从哪儿开始的时候，就把离你最近的事情做好。

你可以走得慢一些，但是一定要动起来，不要坐等。

改变或者进步永远都是“做了点儿什么”的结果。比如下楼跑几圈、收拾房间、洗一双袜子、背5个单词、读几页书……

当你做了一些力所能及的小事，你就为死寂的生活注入了活力，虽然离成功还很远，但是你会因此而觉得自己是在变好。

路是走出来的，粮食是种出来的，朋友是交出来的，优秀是熬出来的，只有衰老是等出来的。

2. 在功利的世界里，你稍微不努力，快乐就会养不起。

不管你有多么充分的理由，多么清高的追求，多么陶醉于平凡，多么鄙视社交，多么讨厌努力，你都要明白，没有人可以为你的未来买单。你要么努力往上爬，要么就烂在社会的最底层。没有人可以和生活讨价还价，所以请你担负起对自己的责任来，不是活着就算了，要活得热烈，而且起劲儿。用自己喜欢的方式过一生是种什么体验呢？大概是：活得尽兴，死而无憾。

你可能理解错了。不是只有惊天动地的人生才需要努力，平凡的幸福，也需要努力。

3. 宁可在年轻时狠狠地逼自己一把，也不要在碌碌无为的人生旅程的结尾撑着拐杖唉声叹气。

有的人可能是为了得到好身材，有的人可能是为了实现人生价值，有的人可能是为了家人，不管是为了什么，努力的人都值得尊敬。虽然他们看起来很辛苦，有时候还有点儿看似难以理解，但实际上，他们很清楚自己想要什么。

所以有了目标之后，就悄悄去努力，谁都别羡慕。

要努力学，要静下心来想，要认真吃，要好好睡，要放开了玩，不羡慕谁，不期待谁；挑好听的听，挑好玩的玩，挑有意思的人打交道，尽可能多地储蓄快乐的体验，尽可能地积极向上，尽可能地诚实做人，尽可能地努力奋斗。

4. 人贵在自己争气。任何你想要的东西，不能跟家里人要，不能跟老板要，不能跟恋人要，不能跟这个陌生的城市要，也不能跟命运要，只能跟自己要。

谁都逃不开人生目标、物质金钱和事业这三件事，所以我们焦虑的无非是：没理想，没钱，还做着不喜欢的事。

面对这样的困局，任何寻求安慰的行为都不会让你成长，比如宿醉、彻夜不眠、痛哭流涕、促膝长谈，这只是短暂地让你感觉安全或者良好。

任何情绪崩溃式的宣泄都于事无补，比如咆哮、砸东西、撕破脸，这只会暴露你的无能和无奈。

所以要永远记得，糟糕的不是生活，是你自己；能够好起来的也不可能是生活，还得靠你自己。

5. 就算你不想成为更厉害的人，这世间的疾苦一样不会饶过你。

人为什么必须努力呢?

因为知道这个世界从来都不讲道理，因为相信自己的人生还有无数的可能性，因为想尽可能地把命运攥在自己手里。

因为想要多体验几次完成目标的欣喜若狂、超越鄙视的人时的酣畅淋漓、让父母骄傲时的扬扬得意，以及面对难题时的游刃有余。

因为三代人总有一代人必须努力，要么是你的父母吃苦，要么是你自己吃苦，要么是你的孩子小小年纪就要吃苦。

因为想有足够的实力跟喜欢的人并肩，因为想在吃喝玩乐或者坚持己见的时候，不必担心别人的威慑或是受限于钱的问题。

我们这一生所做的诸多努力，不过是为了让自己活得更体面一点儿，不过是为了多制造一些快乐的瞬间去抵抗生活的麻烦不断，不过是为了不再去过那种“退潮了才知道自己没有裤子穿”的日子。

6. 如果不努力，你以后的路就不叫人生了，那叫认命。

我活到现在思考最多的一个问题是:“这辈子就这样了吗？”遇

到瓶颈，想放弃、想偷懒、想敷衍的时候，脑子里的小人儿就会冲到我面前，叉着腰冲我喊："这辈子就这样了吗？"每次我都能满血复活。

多数人都渴望成功，渴望出人头地，希望过上喜欢的生活，希望能让父母过上好日子，但是，容易做的事情你嫌没意思、嫌赚得少；有难度的事情你又搞不定。

你深夜被上进心折磨，然后沉迷在"我告诉自己要努力就等于我努力了"的幻觉里，你头天晚上的"势在必行"都变成了第二天白天的"困得不行"。

那结果自然是，所有的"我可以"都变成了"我本可以"，所有的"我暂时不行"都变成了"我确实不行"。

那么问题来了，到底是哪一种苦更苦呢？是竭尽全力，还是遗憾终身？

7. 不尽力的愿望都是瞎想，三分钟热度只是梦想的试用装。

要想清楚自己想要什么，就要给自己列一份清晰的"梦想清单"，不是虚无缥缈的幻想，也不是遥不可及的奢望，而是三五年之内有很大概率实现的那种。

我拿我自己举个例子吧。

· 写一本小说。酝酿了两三年，总是没底气动手，感觉自己怀了个哪吒。

· 出一套大人看的解压绘本。

· 汇编一套有趣的诗集。现代诗歌似乎已经没什么市场了，但我始终认为：爱读诗的小朋友不会砸碎玻璃，爱读诗的大人不会怠慢生活。而我终身的梦想就是“做一个蹩脚的诗人”。所以希望还有人能出来跟我一起保卫诗歌，并尝试赞美这稍稍被损毁的功利世界。

· 开一家书店。一周只卖一本书，只卖一种手冲咖啡，来我这买书是要签合同的，包括多长时间读完，读后感写多少字。咖啡会卖得略贵，然后我会苦情地跟人讲：“哎，卖书它不挣钱。”

· 学做 20 道菜。争取过年的时候自己掌厨，这样饭桌上都是我喜欢的菜肴，然后夹着苦瓜劝不爱吃苦瓜的我妈：“吃点啊，你试试看，大家都说吃这个好。”（这是小时候我妈劝我吃芹菜时说的原话。）

· 学滑板。单纯是想挑战一下新鲜的、年轻的东西，以检验自己的抗摔性，以免真的变成“叔叔”。

· 去一个陌生的城市住三个月。

· 戒掉手机依赖。是的，一个天天到处强调自律的人其实是个一身臭毛病的手机依赖症患者。当然了，你羞我，我也不会脸红的。

8. 最能帮助你的那双手，就长在你自己的胳膊上。

不要以为自己的命运比别人的糟糕，不要觉得自己的经历比别人痛苦，没有谁是一帆风顺的，不过是有的人在哭天抢地，有的人在默默努力。

你觉得你没有别人顺利，只是因为你从逆境中恢复的速度比别人慢而已；你觉得你没有别人的命好，只是因为你躺在麻烦中哀怨的时间比别人长而已。

不要浅尝辄止，不要在大势已定时才迟迟进场，又在胜负未分时提早离席。

比如找工作，你恨不得以最快的速度成长；比如感情，你恨不得把全部的自己都砸进去。但稍微发现不如意，就想收手，就想放弃，因为怕努力了得不到对等的回报，怕认真了只换来镜花水月一场。

那结果自然是，往后余生，遗憾是你，懊悔是你，清贫是你，束手无策还是你。

一个人最缺的东西有两样：一是豁出去的决心，二是对暂时不知道结果的事情的持续投入。

所以，当你被否定、被打击、被轻视、被羞辱，当你迷茫、焦虑、不知所措的时候，再多坚持一个小时，多一天、多一个月……你就会发现，拒绝退场的结果令人惊讶。

9. 对一切事物报以“无所谓”的态度是最轻松、最容易的，难的是勇敢地参与其中。

很多人所谓的“稳定”，其实就是稳定地穷着、丧着、苦着，稳定地待在社会的最底层，稳定地活在一种平静的绝望之中。

很多人所谓的“我想做自己”，只是把“什么都不做、反正做了也白做、做也做不好、不如什么都不做、专心等着一夜暴富或者地球毁灭”称为“按自己喜欢的方式过一生”。

很多人所谓的“我不知道自己想要什么”，其真正的含义是“我没有勇气面对自己想要的东西，也没有足够的努力去争取”。

你当然可以选择“今朝有酒今朝醉”，但是你享受了不努力的安逸快乐，就要承受没本事的无可奈何。

真正的“无所谓”，应该是因为无所不能而无所畏惧，而不是因为什么都不会而假装不在乎；是因为有实力垫底所以优哉游哉，而不是因为无计可施所以得过且过。

10. 每一个偷懒的时刻，都是现在的你在给未来的你挖坑；每一个想努力的念头，都是未来的你在向现在的你求救。

在某个年纪之前，你可以靠透支身体、小聪明和老天给你的运气，投机取巧地活着。到了某个年纪之后，真正能让你走远的，一定是自律、积极和努力。这世上的任何东西都取代不了努力，长相、天赋、出身都不能。天赋超乎常人但不成功的人比比皆是，受过良好教育但被时代抛弃的人也随处可见。

这世上总有人是要赢的，你既要乐观地想："为什么不能是我呢？"还要清醒地想："凭什么是我呢？"所以，不要在该吃苦的年纪选择了安逸，要克服懒惰，要克服游手好闲，要克服白日做梦，要克服一蹴而就的妄想，要克服自以为是的念头，要克服"随时准备算了"的怂劲儿。

还是那句话：现在，你不努力让自己过上想要的生活，那么以后，你就会用大把的时间去应付自己不想要的生活。

哦，对了。

修订这本书的过程中，有一个很奇妙的感觉，以前的文字，就像是用一盆水直接往人头上倒，把人浇醒；现在的文字更像是，我准备好一盆洗脸水，水是凉的，然后请你自便。

前 言

你崇尚旅行，在朋友圈里发了好多次“身体和灵魂，总有一个在路上”，可很久之后才发现，身体和灵魂一直都在床上。

你酷爱自由，在微博里写着“生活不只眼前的苟且，还有诗和远方”，可一想到去远方的路途遥远，你最终还是选择了得过且过。

你喜欢稳定，处处流露着一种“面朝大海，春暖花开”的安逸，可现实慢慢让你明白，你所谓的稳定，其实是在稳定地穷着。

你说要早睡早起，给自己准备了很细致的计划表，还工工整整地贴在床头，可躺下之后又发现根本睡不着，于是翻翻手机，看看朋友圈，一不小心就到了凌晨三点……

你说要多读书，努力充电，以此来升职加薪，可是一本本的专业书买回来，翻来覆去还是停在了第一页，顶多是拍个照片，配几句鸡汤文字，以示自己在努力学习。

你说要瘦成一道闪电，可一看到好吃的心里就小鹿乱撞，于是大吃了一顿，顺便还发了一个朋友圈，配图文字是“我要好好爱自己”。

等你突然意识到，别人比你过得好、别人比你好看、别人比你挣得多、别人比你幸运的时候，你又开始抱怨。你抱怨老天，说自己既没有赚钱和社交的能力，老天也没给你别的能力来做补偿；你抱怨生活，说自己已经看清了人生的真相，但人生并没有因此而得到改善。或许你自己也分不清，这到底是因为自己的胡思乱想，还是真的生不逢时。

你一边感慨愧不如人，一边抱怨得不偿失；你一边坦然于平凡，一边又不甘心低人一等。你嫉妒别人比你强，又嘲讽别人比你活得热闹；你不屑与人为伍，又害怕自己与众不同。

你是思想上的巨人，是行动中的矮子，这也成了你厌恶却又乐此不疲的成长游戏。说得再难听一点，就是你像猪一样懒，却无法像猪一样懒得心安理得。

你可能会替自己辩解，说“平凡可贵”只是你的性格，说“安于现状”是基于情怀。但实际上你自己清楚得很：比起“睡得比狗晚，起得比鸡早，干得比驴多，吃得比猪差”的辛苦，以高姿态“视金钱如粪土”，当然会异常轻松；比起“修身养性、严格自律”的艰难，以傲娇的语气说“我要活得任性”，当然会非常舒服；比起“焚膏继暑、废寝忘食”的折磨，以自满的态度说“平平淡淡就是真”，当然会显得尤为与众不同。

可是，在这些轻松、舒服、与众不同的背后，是你对问题的逃避、对虚荣的向往、对努力的排斥、对侥幸的期盼。

你呀，分明是努力不够，才拿情怀来滥竽充数。因为当你给压力、责任、负担这些东西穿上情怀的外衣时，你就会感到前所未有的舒服。比如当你努力不足、能力不够时，你才会说“那只是我不想要而已”“它不值得罢了”“其实我无所谓啦”……

但是，如果你总是无视这些事实，又不肯努力，那么你就永远没资格对这个世界指手画脚，就永远不要觉得这个世界欠你什么！

实际上，青春在本质上是充满善意的，它在将我们带进死胡同的时候，也给了我们走出死胡同的时间。可偏偏有些人，会选择在死胡同的墙根下坐着等死。可就算你在那儿搭个帐篷，摆个碗，逢人就讲个段子，给无聊的日子找到了乐子，也无法改变那是死胡同的事实。

你总得有所企图，生活才知道该给你些什么！很多时候，正是因为你的要求太低、欲望太浅，或者语气太温顺，所以命运才索性什么都不给你，结果你一无所有。

我想提醒你的是，在你二三十岁的年纪，除了仅剩不多的青春以外，什么都没有，这很正常。但是，你手头为数不多的青春，却能决定你变成一个什么样的人。

换句话说，平庸或者卓越，都是经由你允许了才发生的。

现实并非你希望的样子。这个世界肯定会有很多不顺心的时候，可又能怎样？你只能对它们说一句：“哪儿凉快哪儿待着去！”然后继续努力做好自己的事情。

你会慢慢发现，人呐，真得靠自己努力、自己争气，一旦你做出些成绩来了，全世界都会对你和颜悦色。

目 录

每一个与众不同的人，

其实都是以无人能及的勤奋为前提的，

要么是血，要么是汗，

要么是大把大把的、无人问津的寂寞时光。

01

悄悄毁掉你的，是退而求其次

悄悄地去努力吧，等变厉害之后，蹦出来，
把曾经看不起自己的人吓一大跳，
这才是你现在需要当作目标的事。

1

五年前，我在一家小杂志社实习过两个月。带我的是一个叫刘花的姐姐，她比我大两岁，我叫她花姐。

花姐是那种典型的雷厉风行的女子，穿着讲究，打扮精致，永远是步伐匆忙、目光如炬的样子，言谈更是斩钉截铁、掷地有声。

那时候的花姐，不怕领导催稿，也不怕得罪同事，凡是她安排的稿件，她都要求做到最好，所以交给她的稿件，一般都会被责令修改很多次。有人受不了，就当着她的面指责她“拿着鸡毛当令箭”，她更火，直接把那人的稿子撕个精光。

可正是因为这么挑剔，花姐的稿件质量往往是所有人里面最好的。

更可怕的是，花姐在职场上的强势风格还被挪用到了情场上。据同事们的小道消息，和花姐相亲的人，能有一个排那么多。其中不乏商界精英、政界新秀……可花姐就是一句话：“看不上。”

她在朋友圈里写道：“我不是谁的影子，更不是谁能退而求其次的选择。我所做的一切，都是自己想要的，我不会按照任何人的想法去生活。”

再遇见花姐时，是去年冬天。见面时差点没认出来，当时她披着头发，穿着一件深色的呢子大衣，手里抱着一个暖水袋，最重要的是，她的眼睛里没有了光。

聊了一会儿才知道，这几年，因为岁数大了，她最终也没犟过家人，勉强嫁了人。后来为了照顾孩子，她就申请了清闲的行政岗位，每天朝九晚五准时上下班，而不是较真，不是忙得昏天黑地。

虽然她的改变看起来很温柔、很幸福，但我还是有点儿接受不了。

更让我吃惊的，是后面她对我说的这段话，她说：“千万不要轻易往后退。退一步并不是海阔天空，只是看起来省力了。但是，只要你退了一步，哪怕是小小的一步，你就很难再有心气儿往前迈进了。一个没有期待和追求的人生，其他东西再充足，也是枉然。”

我心头猛地一惊，真是这样啊！

一个人真的不能轻易对生活妥协，你以为是妥协一次，很可能就妥

协了一生。而你退缩得越多，能让你喘息的空间就越有限；你表现得越将就，一些幸福的东西就会离你越远。有些时候退一步可以海阔天空，有些时候退一步可能是万丈深渊。

然而，在我们的周围，“退而求其次”的人和事儿却是那么多。每当你的美好愿望不能实现时，你就或早或晚地放弃了“挣扎”。

比如你想喝橙汁了，可店里卖完了，那就来一杯桃汁吧；本来想考个更好一点的大学，选个自己喜欢的专业，后来没成功，那就勉强上个一般的吧……

比如碰不到彼此心动的人，便找一个看上去般配的人结婚，可你的心中有了念念不忘的人，再遇见的人就变成了“次”，“次”的就算再好，又怎能填平心中留下的空缺？

再比如你看中了一双鞋，太贵了舍不得买，于是你买了一双便宜的，可是你拿到之后，你就会嫌弃它，你会觉得它设计不够美观，穿着不够舒服。是啊，心里有了最美的那双鞋，其他的就变成了“次”，次的再便宜，又怎么能弥补内心的遗憾？

我想说的是，如果你想买一样东西，钱富裕就买，没钱就努力挣够钱再去买。千万不要退而求其次，那个“次”的东西就算买回家了，还是会看不顺眼，还是会嫌弃，下次看到原本想要买的东西时还是会想买。

别凑合，很多事都是这个理儿！

你一直以为妥协一些，将就一些，这个世界就会为你让出一席之地，但最后除了失去更多，除了怨念，你什么都不曾得到。而且你会慢慢地发现，每一次的妥协背后，都有一个真实的目的：或是害怕失去，或是息事宁人，或是不愿付出……

当你以为降低标准可以更容易地得到自己想要的结果时，你就注定会得不到想要的。

你所设定的底线决定了你不会失去什么。一旦你丧失了底线，很快就会溃不成军，你所在乎的东西，也会跟着一样样地失去。

2

所有的成功，都来自不倦的努力和奔跑；所有幸福，都来自坚持和不妥协。世上没有捷径，也没有好运这个东西。

诚然，一时的妥协避让也许会让你获得暂时的平静，但很快，就需要你做出更大的妥协，直至要你丧失所有原则，最后被生活打入万劫不复的深渊。

一个人就像是一朵花，来到这个世上是为了绽放的。如果你因为害怕凋零，而选择了不绽放，或者选择半死不活地活着，那么你就白白浪费了上天的美意。要知道，没有什么比活得将就、活得退而求其次更让人伤感的了。

每一朵花来到这个世上都有权利绽放，哪怕这中间要经历风雨的摧折，可能会中途夭亡。但是，你有理由过自己想要的生活。

总能听见有人嘀咕：“为什么知道了那么多道理，却依然过不好这一生？”

我的回答是，过自己想要的生活，做自己想成为的那种人，这必然会很难，但并非完全做不到。问题在于你做没做，以及用多大的专注在做。如果别人在百分之百地努力，你只努力百分之八十，看似是差不多，但结果可能是别人收获百分之百，而你一无所有。有时候，一分耕耘，只有半分收获。

很多不是非做不可的事情，如果你做了，生活就会变得容易得多。

所以，千万不要相信什么“女孩子可以不白、不漂亮、身材可以不好”之类的话，当有一天，你终于又瘦又美时，你会发现你的人生就跟开挂了似的。

毫不夸张地说，你身上的每一寸赘肉，都是向生活妥协的标志。

对每个人而言，成长就是一个不断升级的过程，你不打倒面前的小妖怪，你可能就会被这场游戏淘汰，因为现实就是这么残酷。但与此同时，你不能总是打些小妖怪，而避开那些大妖怪。因为你身边的每个人都在拿出吃奶的力气去拼，去克服大难关。

怕就怕，几年之后，你对那些比你强的小伙伴们抱怨：“生活就是这么不公平，他怎么就那么厉害，而我这么差？”

其实，没有什么不公平，相同的时间，你把时间用在了停滞不前，别人把时间花在了克服困难上而已。

如果你对自己下不了狠手，就轮到生活对你下狠手。但凡是活得很

怂的人，都是因为对自己太好了。

3

在 2008 年的哈佛毕业典礼上，校长福斯特对毕业生们说过这样一段话："我听过你们谈论未来，知道你们的烦恼。我也知道你们担心收入，担心职业选择，担心人生的意义能不能实现。我要对你说的是，只有试过了才知道。不论是绘画、生物还是金融，如果你不去尝试做你喜欢的事，如果你不去追求你认为最有意义的东西，你会后悔的。人生的路很长，总有时间去实施备选方案，但不要一开始就退而求其次。"

她还将"退而求其次"的心理比喻为"停车位理论"。大意是说，不要因为觉得肯定没有停车位了，就把车停在距离目的地二十个街区远的地方。直接去你想去的地方，如果车位已满，再绕回来。

其实，一个人年纪轻轻的时候，是没有什么标准答案的。在五花八门的选择背后，往往只有一个真相，那就是"试试"二字。你选 A，结果是试试；你选 B，结果也是试试。选什么都没关系，关键是你敢去试。你不选就扣分，你选就加分，这是最简单的题，但很多人放弃了这道题。

你得逼自己一把，才能看到更多的可能性！

如果一万个不甘心，也没换来一次"试试"，那你就活该后悔。

没有任何一种逃避能得到赞赏。

不要轻言放弃，但凡有了第一次，你的人生就会习惯性地知难而退，可是如果你克服了，你的人生则会习惯于乘风破浪。这看着只是一个简单的选择，其实影响非常大，它带来的是截然不同的人生。

当你面临选择的时候，不要犹豫徘徊；在权衡的时候，也不要怕吃苦；选完了之后，更不要去后悔。只要你喜欢，只要你认可了，就没有什么不好，最怕的就是，一切都是你自己选择的，最后却还在抱怨命运。

王小波就曾说：“人在年轻时，最头疼的一件事就是决定自己这一生要做什么。……总而言之，干什么都是好的，但要干出个样子来，这才是人的价值和尊严所在。”

活着，最大的失败不是跌倒，而是从来不敢奔跑。

所以，悄悄地去努力吧，等变厉害之后，蹦出来，把曾经看不起自己的人吓一大跳，这才是你现在需要当作目标的事。

割断的是你与世界的距离，

它让你的心胸日渐狭窄，

让你对人生也越来越怀疑。

你以为清闲带来的岁月静好是福气？

实际上，它剥夺的是你对未来的期待，

割断的是你与世界的距离，

它让你的心胸日渐狭窄，

让你对人生也越来越怀疑。

02

你说得那么体面，为何活得那么敷衍

真正让人绝望的，并不是未知的险境、艰辛，

也不是世人的褊狭和一事无成的狼狈，

而是终其一生，你都不知道自己究竟想要什么。

1

因为我喜欢跑步，去年被一个朋友拖进了一个跑友微信群，然后隔三岔五总会有人加我为微信好友，K 姑娘就是其中一位。

K 姑娘快 30 岁了，是群里的活跃分子，据她在群里“交代”，她至今还没谈过恋爱。谁要是接她的话茬，她就会或真或假地暗示一下：“那你给我介绍个对象呗。”然后点开朋友圈，又总能见到她发的一些极其体面的话，比如“不是你不好，只是别人配不上你”“感情就是宁缺毋滥”“你单身是因为你太优秀了”……再配上高冷的图片。

最让人受不了的是她的签名：“终于明白自己为啥不招人喜欢了，

不够虚伪，嘴不甜，不会睁着眼说瞎话。”

我想对她说的是：“除了不招人喜欢之外，你说的都是反话吧！”

后来从朋友那里了解到，给K姑娘牵头拉线的人很多，可似乎没有一位能够配得上她要求的“体面”。她的原话是：“我的要求不高，拿得出手就行了。”

可实际上呢，给她介绍老实稳重的，她嫌弃别人死气沉沉，不浪漫；给她介绍情商高、懂浪漫的，她又嫌弃别人学历低，挣得少；给她介绍有钱的，她嫌弃别人俗气，年纪显老；给她介绍能说会道的，她嫌弃别人花心，不真诚；给她介绍话少的，她又嫌弃别人不会聊天，没趣……最叫人无语的是有一个各方面都很优秀的男孩，她竟然嫌弃别人嘴大了，接吻不好下嘴！

按理说，一个姑娘不将就、寻找真爱，这很正常。但如果你自己长得一般般，学历一般般，工作一般般，然后又急着找对象，你对别人挑三拣四合适吗？你要求的体面，你自己能达到吗？

这让我想到了另一个姑娘菲菲，这个包子脸、大粗腿、家世普通的姑娘，最后的爱情却相当体面。菲菲的爱情是从暗恋开始的，但一想到自己与男神的差距，菲菲就很绝望。

在菲菲看来，这种差距若没有中彩票的运气，真的没法弥补。可谁也没想到，菲菲真的就中头彩了。但过程却异常曲折：她用了一年的时间成功减肥，原本圆滚滚的包子脸，变成了一张棱角分明、五官立体的脸，略施粉黛，让人觉得清新脱俗。

再后来，她开始学做菜、画画、插花，并且在穿衣打扮上下功夫。

她没少吃苦头，最初学起来笨拙的样子，像极了一只在对着镜子抹口红的花猫。

直到有一天，当菲菲站在桥头画画时，一辆车停在了旁边，下车的人正是她的男神……

其实，任何体面的爱情都要求双方是势均力敌、旗鼓相当的。

对一个姑娘来说更是如此，你想要的体面，理应是自己努力得来的，这样你才不会慌张，也不会担心失去它，你才能活得从容，爱得坚定。只因你心里明白，站在自己面前的这个人，无论是哪个方面，你都足以与他相配。

很多普普通通的姑娘总喜欢做灰姑娘的美梦，希望自己有朝一日可以遇见自己的白马王子，二人情投意合，举案齐眉，长相厮守，从此过着富足而体面的生活。

可她们很少会想这样一个问题：即便你有幸遇见了，然后呢？

王子凭什么接受你那无精打采的脸和萎靡不振的精神状态？凭什么忍受你那一点就着的脾气和空洞无趣的性格？凭什么会和邋遢、懒惰的你厮守一辈子？

难道就因为你想得美？

可以很现实地说，感情的世界里，并不是童话故事里渲染得那么纯粹，它很势利。如果你和对方的差距很大，那么你就免不了要过诚惶诚恐、小心翼翼、不敢闹、不敢纠缠的日子。如果你连不满的资格都没有，又哪来体面可言呢？

你想要体面的爱情，就得先努力让自己成为一个体面的人。幸福的路，没有捷径可言。

2

周末我约阿秋去看电影，她以心情不好为由给拒绝了。于是，看电影自动变更为喝茶谈心。

阿秋心情不好的原因很奇葩：月薪三万的工作被他爹妈给鄙视了。阿秋的爹妈不是什么大富大贵之人，他们在国企工作了一辈子，退休后拿三千多元的退休金。阿秋则是一个小有名气的设计师，有自己的工作圈子，每天只需在家画图，就财源滚滚来。

问其原因，阿秋回答我："前阵子我给一家服装公司画了一系列的图案，最近就经常去工厂里看效果。这事儿不知道怎么让我妈知道了，她说我这工作太不正经了，读了十几年的书竟然还去工厂里干活。又说他们同事的女儿在国企，儿子在外企，女婿在政府，是如何如何体面之类的。你说气不气人？"

我说："凭本事挣钱就是最体面的活法呀！"

阿秋用力地点了点头，继续说："这还不算，昨天我们一家去舅舅家参加表哥的婚礼，然后一个亲戚就向我妈问起了我的工作，我妈低声地回了一句：'在工厂呢！'那语气好像我多给她丢脸似的。然后那个亲戚还以一种同情的口吻问我：'是不是没上大学啊？'我瞬间就石化了！"

我强忍着没笑出声音来，问道："后来呢，你怎么回答的？"

阿秋说："我假装没听见，总不能告诉她，这个月在工厂，下个月在地下商场，再下个月可能在大马路上！那她肯定以为我在要饭！"

我安慰阿秋说："这有什么啊，你拿的是清清白白的钱，做的是自由而不受约束的工作，既实现了人生价值，又可以过潇洒的日子。他们说的体面，又不是生活本身，而是看起来体面罢了。"

在我们周围，不论是在职的，还是求职的，大家都在削尖了脑袋往大城市、大公司，央企、国企里面挤，往高端写字楼、城市CBD区域里面赶。好像那里有成功的捷径，有财富的钥匙似的，好像一进去就可以光芒万丈似的。

但他们很少能停下来想一想，这些看上去高大上的地方，真的适合自己？真的能实现梦想？真的能赚到钱吗？

工作是为了什么？是为了看起来体面吗？还是为了赚更多的钱，实现自己的价值，然后拿着这些钱，去完成自己的理想，过自己想要的生活？

在我看来，年轻的时候不偷、不抢，不违反法律、不触犯道德，能实现自己的价值，又能养家糊口，然后离梦想越来越近，就很好了。

实际上，任何工作都是体面的，丢脸的是懒惰，是热情枯竭，是梦想溺亡。

如果在尚有无限可能的年纪，就赖在碌碌无为的岗位上，你拿什么去过体面的生活呢？

你所谓的体面，不过是清闲的日子，不过是你心底按捺不住的懒！

你所引以为傲的体面，不过是你自导自演的幻影，不过是你灵魂中溢出来的软弱！

说来说去，很多体面的工作只是看起来很体面而已。

比如说你是老师，你就得背负家长的吐槽和成绩的压力；

如果你是医生，你就得承受职业道德、医疗纠纷带来的困扰；

如果你是商人，你就得接受讨价还价、钩心斗角的烦心；

如果你是公务员、公司小职员，你就得接受简单、低级、烦琐工作的摧残和复杂人事关系的折磨……

李嘉诚对体面的生活有过这样的阐述："当年，我只用一分钟的时间就算出了去那个体面的地方上班的结果，于是我离开了。现在，很多人用一生的时间去证实我算的是对的。很多人有体面的工作，但是，并没过上体面的生活！因为体面的工作并不能保证给你体面生活的资本！"

其实，在这个平凡的世界里，拒绝平庸才是我们体面生活的真谛！

3

按理说，这是最好的时代。你头上明明顶着21世纪的太阳，但是抬头一看，依然有阴霾；你明明生长在一个蓬勃发展的时代，但是你心里依然充满不安。

更可怕的是，你的身体就像一块劣质的电池，充电需要充很久，不但充不满，而且用得快。你看起来很忙，忙得根本停不下来，可你实际上又很穷，穷得不敢停下来。

至于体面地生活，遥远得像是下辈子的事儿。

你学会了说“谈钱伤感情”，可后来才发现，没钱才伤感情。

你学会了说“要保持独立的人格，不被金钱左右”，可后来才发现，没钱的灵魂根本就没法硬气地站立。

你学会了说“要孝敬父母、让在乎的人过上幸福的日子”，可后来才发现，没钱根本就做不了孝子，也给不了在乎的人幸福。

你看，你学了二十几年的对错，可现如今才明白，现实只讲输赢。

至少从目前来看，你所向往的体面生活，是需要你付出巨大努力去换的。

也就是说，你既要努力让自己变好，还要努力让自己有钱。

每一个花钱的理由，都是赚钱的动力；每一次提升消费的等级，都是在提高自己努力的目标。

在我看来，保持热情，保持好奇心，努力争取正当的财富，实实在在、勤勤恳恳地做事，而不是空谈道理，这就是最有尊严、最体面的生活。

怕就怕，你非但没能力让自己和在乎的人过上好日子，甚至还不得不过捉襟见肘的日子，却要装得很有尊严、很清高、很体面的样子，然后苦口婆心地教育着自己的下一代："喂喂喂，你要保持人格的独立，你要孝敬父母，你不能让金钱绑架了自己的梦想……"

你说，好不好笑？

为了挣脱令人窒息的绝望，我们究竟能逃多远？绝望到底是为了让我们与想要的生活擦肩而过，还是为了让我们沉溺其中而毫无知觉？

其实，真正让人绝望的，并不是未知的险境、艰辛，也不是世人的褊狭和一事无成的狼狈，而是终其一生，你都不知道自己究竟想要什么。

如果自己不肯积极认真地生活，那么，不管得到命运何等优待的安排，都没有用。

03

不怕被人利用，就怕你没用

我们都被人劝导“要和优秀的人在一起，才能变得优秀”，
我希望你听到这句话的时候反问自己一句：
“优秀的人凭什么愿意和我在一起？”

1

一群人在微信里聊天，话题东拉西扯就说到了“杀毒软件”。

有人说，必须要安装杀毒软件，因为黑客太厉害，陷阱太多，一不小心，钱就改名换姓了。

另一个人接着说：“何止钱财，还有个人隐私和生命财产安全。现在智能产品太多了，大到家电、汽车，小到摄像头、台灯、开关……不防不行啊！”

随后，一个“异类”出现了：“我从来不安装杀毒软件，不论是手机还是电脑，都用了六七年了，也没出过什么问题，杀毒软件都

是摆设罢了，没安装也没见人‘黑’我呀！”

这时候，某“毒舌”开口了。他说：“并不是你不会被‘黑’，只是因为你没有被‘黑’的价值。”

瞬间，群里就寂静了。

在生活和工作中，我们总是提防着别人。害怕自己的财物被人盗走，害怕自己的创意被人窃取，害怕隐私被人侵犯……于是防盗门、防盗锁、手机密宝、文件夹保密等层出不穷。

是的，保护自己的东西无可厚非。可有一些人，明明兜里一分钱都没有，偏要准备最高级的保险柜；明明屋里没多少值钱的东西，却要给房门上八道锁；明明脑袋里空无一物，还做出“防贼防盗防记者”的自保姿态。他没想过，自己有什么值得别人“图谋不轨”的。

也就是说，只有当你有价值时，你才会被人当作一盘菜，当你分文不值的时候，那你就是可有可无的了。

如果你对别人来说是一个没价值，或者价值不大的人，那么想必别人对你的兴趣也不会太高，这不是“势利”，而是一种需要。你可以换位思考一下，当你发现正在和你交谈的人是一个腹中空空的草包的时候，你还有想和他成为朋友的欲望吗？

换言之，当你什么都没有，一心只想通过所谓的捷径让别人帮你一把的时候，我无法想象，这跟跪在天桥上乞讨有什么分别。要知道，如果你不努力，就算别人想帮你，都不知道扶哪里。

在一篇科普文章里读到过这样一则趣谈，说是在尼罗河里生活着一种名叫“绿虾”的特殊物种，说它特殊不是因为它的颜色，而是生活方式：绿虾的一生都生活在鳊鱼的嘴里。鳊鱼靠鱼虾为生，但绿虾却是例外。因为绿虾有一门绝活——它不停地晃动自己的身体来吸引其他小鱼成为鳊鱼的猎物。如果没有绿虾的帮助，鳊鱼觅食将会变得很困难。而绿虾也乐于为鳊鱼效劳，因为一旦离开鳊鱼的保护，它很快就会成为其他生物嘴里的快餐。一旦绿虾老得不能摆动了，鳊鱼就会一口将它吞掉，然后换一批“年轻”的绿虾。

一个人也是如此，一旦没了用处，就会落入尴尬苍凉的境地。其实这是很客观而且公正的，只是人类很难做到像绿虾那样：丧失了作用，就甘愿离去，绝无怨言。

生活和工作中，许多人原地踏步，许多人落伍，许多人衰老，许多人隐退，甚至是被淘汰，他们往往更多的是抱怨社会和生活，然后在绝望和失落的情绪里，说些世态炎凉的话，再数落着命运的偏心。只是他们很少去想，原来是自己已经没用了。

所以说，不怕被利用，就怕你没用，没用也就罢了，可怕的是，你不愿意承认自己已经无用了，还要求别人像以往那样重视自己。

没人利用你，没人在乎你，这只能说明两个问题：一个很美好——你身边的人都比你优秀；一个很残酷——你在别人眼里毫无价值。

2

B是我在火车上认识的小男孩，才十八岁，可他的言谈举止却有着超过年龄的成熟——他很恭敬地向我递名片，也很谦虚地记录下我的联系方式。

我看到名片的时候差点没笑出声来，红色纸片上面赫然写着："某大学在校学生，某某某公司未来董事长"。

我问他："你创业了？"

他笑笑："还没有呢，那是我未来要创办的公司。"

我又问："你念大学怎么还自己弄一名片随身带着？"

他很认真地说："这样可以结识更多的人啊，卡耐基不是说了，一个人事业上的成功，只有百分之十五是基于他的专业技术，另外的百分之八十五要依靠人际关系、处世技巧。"

我愕然，卡耐基害了多少年轻人啊！

我想问的是，那些有效的人脉，你凭什么获得？那些有用的人脉，凭什么为你所用？单凭你发了一张名片？凭你那个空中楼阁的董事长的"尊号"？

相信我，不会的。就算人脉真的很重要，但绝没有卡耐基说得那么夸张。更尴尬的是，在现实社会里，那些仅凭毕恭毕敬的姿态换取的人脉，只是让你记录了一个名字而已。这就好比你去八达岭看了长城，拍了照片，但你总不能说长城是你的吧？

在我们的生活中，有一些人总是在过分迫切地建立所谓的人脉，以至于放低自己去讨好、去巴结别人。这样的人，他们潜意识里觉得自己是弱小的，所以他们才会寄希望于借助他人的力量。可当你越弱小的时候，你的欲望就会显得越强烈，以至于自己讨好、巴结他人的样子奇丑无比，也不自知。

我们都被人劝导“要和优秀的人在一起，才能变得优秀”，我希望你听到这句话的时候反问自己一句：“优秀的人凭什么愿意和我在一起？”

常有人不甘心，说为什么娶到“白富美”小姐的总是“高富帅”先生，为什么成功的人总能遇见有眼光的大人物，为什么成功的人可以结识更多成功的人，然后变得更加成功？说到底，要么你有钱，要么你有才，要么你长得好看，如果都没有，你凭什么要求得到高质量的人脉？

无数例子都印证一个事实：只有优秀的人才能拥有有效的人脉。这不是因为他们天生好运，更不是命运偏心地替他们安排，而是因为他们各自都很优秀，所以彼此吸引到一块儿去了。

也就是说，只有当你自己变优秀了，你才能遇到更优秀的人，才有更优秀的人生。

涉世之初，你被很多人告知人脉的重要性，于是你迫切去积累很多相关领域的精英资源，后来你终究会发现，这些人中真正能帮到你的，其实是跟你实力相当的朋友，而那些高出你很多，并且让你渴望能够借力的人群，往往只是你的无效人脉。所以说，经营自己比经营人脉更重要，当你迈入更优秀的那个阵营，那些有效的人脉便不请自来了。

这也应了那句烂大街了的话："你不优秀，认识谁都没用。"

与其借助别人的力量前行，不如努力提升自己，成为一个出众的人，一个能让他人依附的人。这样的你，即便是孤身一人，也犹如千军万马。

当然了，优秀不是圆滑世故，而是实力上乘，对别人有价值。你也大可不必羡慕那些看起来比你圆滑、比你老到的人，因为一路走来，他们遇见的坏人比你多。

3

有这么一则寓言故事：

小鸡问母鸡："妈妈，你今天别下蛋了，带我出去玩吧。"

母鸡道："不行的，我要工作。"

小鸡疑惑地说："可你已经下了许多蛋了。"

母鸡意味深长地对小鸡说："一天一个蛋，主人才会留我啊，否则他会杀鸡吃肉的。孩子你要记住，生存的前提是因为你能创造价值，而且是持续创造价值。过去的价值并不能代表未来的地位，所以每一天都得努力啊！"

有些人以为过去有功劳、有成绩、有地位，就躺在过去的功劳簿上混吃混喝；有些人以为过去的做法有效果、过去的套路行得通，就开始变得毫无新意、落入俗套；还有一些人自以为成绩、能力还能应付当前的工作，就停止努力，得过且过……这样的人，迟早会被赶超、被淘汰。

这就好比说，你高中时候的努力只能帮助你考上理想的大学，并不代表你能有一份好的事业；你实习期的突出表现只能帮你留下来，并不代表你日后的工作也能一帆风顺；你昨天的努力只能帮助你登上了荣誉榜，但它无法保证你明天的辉煌。所以你每一天都得努力。

别忘了，成绩和荣誉只属于过去，老本总有吃空的一天。更要记住：不进步，就是退步。

面对日渐冷清的生活，很多人总是找借口安慰自己，却不肯接受是自己不够努力、不再优秀的真相。我想对你说的是，逃避解决不了任何问题，它早晚会害了你。

与其躲在现实的背后凄凄惨惨，冷冷清清，不如去直面血淋淋的现实，去让自己变得更好。因为最后的最后，能拯救你的，一定是你的好。

年轻的时候，你接触新事物、新思想、新观念的机会比任何时候都要多，接受的能力比任何年龄都要强，所以你要学会更新自己，要保持进步，像软件一样迭代更新自己，不管是哪个方面——能力、经验、礼貌、性格……

一个不甘于落后、不甘于平凡的人是不会老的。他会不停地进步，不停地折腾，会不停地寻找和巩固自己的不可替代性，会不停地去探索这个千变万化的世界。

要记住，你改不改变，努不努力，其实影响不了别人，只会影响你自己。

要知道，时间并不会对谁有所优待，你在成长的同时，别人也可能在进步。但是，无论你犯了多少错，或者你进步得有多慢，只要是保持向上的姿态，那么你早晚会走到那些安于现状的人的前面。

我希望你最后能变成这样的人：该有主见的时候能掷地有声地镇得住场，该沉默的时候也能心安理得地躲起来不吭声；会关心和牵挂他人，但绝不黏人；能为在乎的人放下身段，但除他们之外，你可以自由到不看任何人的脸色行事；为了证明自己的价值而保持努力，但不再期待任何人的夸奖。

04

这个社会不分男女，只分强弱

你总不能说，因为自己是一只美丽的羚羊，
就有资格在草原上翩翩起舞，无所顾忌。
你还得问问狼和狮子，会不会因为你长得好看，就不吃你。

1

紫怡是个猫控，她租的房子里养了三只猫，名字很特别，分别是东东、西西、南南。我问她，怎么不再养只北北？她说她自己就是北北。

紫怡的猫，“猫品”都很高：便宜的猫粮不吃，便宜的猫砂不用，睡觉必须要挨个抱一抱，说三五句好听的话才行，还得有专属的床和枕头。

我笑话她：“你这养的不是猫，是爹！”

以猫自居的紫怡确实是只“夜猫子”，只是她不是为追剧或网购，而是加班。她的个性签名用了好几年都没有改："生活不会因为你是女子就怜香惜玉。"

我调侃她说："赶紧找个人嫁了得了！这么努力干什么，熬成黄脸婆你就栽自己手里了！"

她白了我一眼，说："不努力，猫咪们吃啥？再说了，现在不努力，以后穿的婚纱都是租的！"

我说："不是还可以靠男人吗？"

她很认真地说："没有男人靠的时候我就得靠自己啊。不是有人说了嘛：就算以后遇见了喜欢的人，我也可以很坦然地去爱。不管他是富甲一方，还是一无所有，我都可以张开手坦然地拥抱他。他富有，我不用觉得自己是在高攀；他贫穷，我们也不至于落魄。"

有多少女孩子，曾信誓旦旦地跟父母说过："以前你养我，以后我养你。"可后来呢，衣服鞋子、化妆品、吃喝拉撒用、房租水电，交完之后，工资余额无限地接近于零，自己的温饱都成问题，哪还有能力赡养父母？

她们把日子过成了一个大写的"凄凉"。

有多少女孩子，曾大言不惭地说要出门远行，去遇见另一个自己。可后来呢，懒在床上追剧，熬夜抢单，然后沦陷在无数个穷困潦倒的日子里，最后，青春的余额无限地接近于零，工作上没有作为，爱情上没有着落。

她们把自己变成了一个大写的"多余"。

都说女孩子要嫁对人，我觉得对的人一定要是"性格合拍、努力同步”，而不是等着别人来打赏，不劳而获。记得曾经听过这么一句话：“你把你的未来，统统都交给一个人。你说这是爱，还是懒？”

毫无疑问是懒啊。懒得去自力更生，懒得去自尊自爱，于是干脆就把身子一歪，靠到谁算谁。这时候的你，凭什么要自由？拿什么换尊严？再说了，你又懒又丑，谁要你啊？

常有人说，女孩子不要太强，否则会没有人爱。可是你知道吗，如果不自立、不自信、不坚强，谁能在你需要肩膀的时候给你依靠？如果没有眼界、没有实力，你会不会因为别人给了一颗小蜜枣，就屁颠屁颠地跟人跑了？

女孩子必须优秀，必须变强，只有这样，你才能和优秀的人相遇且相配。

拼的理由还有很多。比如说，你不想在十年之后的同学会上仰望着谁的脸色，奉承地笑；你不想在看到自己喜欢的东西时先顾虑钱包的感受；你不想让父母老去时，连一个晚年都没法安享；你不想多说一句求人的话……

还有一股暗黑的力量就是，如果现在不努力，怎么能让前任后悔，让暗恋开口，让现任长脸！

2

女孩子为什么要努力？在职场里摸爬滚打了四年的灵儿给我的答案是：“职场没有性别，只有竞争，适者生存，不适者淘汰。”

灵儿是长得很美的女汉子，如今的她已是公司里为数不多的女领导。你可千万不要以为灵儿是靠颜值上位的，她靠的全是汗水。

刚工作那会儿，灵儿做事总是羞羞答答的，可领导却并不把她当女人看，不是让她收拾废品送去卖，就是让她去外地出差。灵儿当时满脑子都是意见：“这些吃力不讨好的工作为什么不安排给男人去做啊？”她心里已经默默地把公司骂了八百八十遍。

可不管灵儿多么努力，工作还是有忙不完或者不到位的时候。领导当时的原话是：“能不能做？不能做就换别人！”

眼泪在眼睛里打转的灵儿咬着后槽牙说：“能！”

那一次，灵儿明白了一个很重要的道理：职场不是育儿室，女孩也不是鸟窝里的雏鸟宝宝，排排坐就都有得吃。生存面前大家都是战士，只是装备不同，颜值和才华同属可选装备，都需天赋，都靠努力。

是的，职场是一场漫长、残酷又孤独的战役，一不小心，你丢掉的不仅是阵地，可能还有之前努力得来的全部身家。

你若不努力，同事冷落你，老板责备你，客户嫌弃你，奖金远离你，升职绝缘体是你，公司裁员首选你。

除了努力留下来，灵儿对努力的第二个领悟是：职场上看脸吃饭是有限度的，最终还得凭实力。

那时候，因为灵儿表现很积极，又加上人漂亮，所以领导开始把一些公关活动交给她。刚开始，灵儿以为那是很容易的事情，毕竟加个微信，聊个 QQ 太容易了。

可谁知道，当公司真正有事情需要找人帮忙的时候，这些微信、QQ、电话就全都失联了。

领导又一次批评了灵儿，满心委屈的灵儿非常不解，她自认平日里的关系维护也没少做，怎么到了关键时刻却没人搭理？

领导告诉了她真相："你只是进入了公关这个圈子，却没有在这个圈子里混得开的实力。"

真是这样的。这个社会很功利，很势利，却也有它自己的游戏规则：有用的社交，一定势均力敌；同等的实力，才能平等地对话。

如果你只是一个小角色，那就算你有了那些大咖的所有联系方式，你们也从来都没有平等对话的机会。大多时候你以为的熟络，不过是你一厢情愿的自我陶醉。认识几个人就说有人脉？恕我直言，你又没被催眠，怎么还在做梦？

我想提醒你的是，优质的圈子硬挤是挤不进去的，你得攒够实力，等到自己变得强大了，你自然就可以昂首挺胸地跨进去。

职场里是不分男女的。不论你是谁，失去了价值，你就会被淘汰。

在职场里打拼的你就像是一只羚羊，想要活，你就必须跑得快，跑得比你的天敌——狼、狮子都快。这是丛林法则的残酷性。你总不能说，

因为自己是一只美丽的羚羊，就有资格在草原上翩翩起舞，无所顾忌。你还得问问狼和狮子，会不会因为你长得好看，就不吃你。

3

还有一些女孩子，她们知道现实残酷，生活残酷，职场残酷，所以她们也想要变得优秀、变得好看、变得有底蕴。可事实往往是：

说要减肥，于是收藏了很多关于健身的文章，还花钱办了健身卡，后来才意识到，自己的懒惰居然打败了爱财。

说要认真读书，在朋友圈里发了好多次“身体和灵魂，总有一个在路上”。于是买了很多很多的书，可好久之后才发现，身体和灵魂一直都在床上。

说要早睡早起，给自己准备了很好的休息计划表，还工工整整地贴在床头，可躺下之后又发现根本睡不着，于是翻翻手机，看看朋友圈，一不小心就到了凌晨三点……

有一个残酷的事实是：勤奋可以弥补聪明的不足，但聪明却无法弥补懒惰的缺陷。

女孩子的懒，懒得五花八门，尤其是对一些自称是“文艺女青年”的人来说，她的懒看似是理所应当的，是光明美好的，是很酷的。比如突然想辞职去旅行，突然想停工去遛狗逗猫。这些突然的、毫无确定的事情，都是为了切换一下当前的生活模式，在她们看来，这和换一件T恤衫一样平常。

每次听到有人进行了一场说走就走的旅行，我一点儿都不觉得她“酷”。因为你只是做了一件突然想做的事情，而这个故事只是进行了一半。

要知道，其实每个人都会有那样的瞬间——逃离现状。那一刻，你不想上班、不想结婚、不想愁苦、不想成功、不想拼搏、不想努力、不理睬社会、不关心人类、不要求鲜花赞美、不在乎诋毁，只想放弃一切，听从自己的心，说走就走，奋不顾身。

谁不想呢？可是社会没有义务惯着你、养活你，哪怕你文艺得飞上天，你总有回到地面上吃喝拉撒的时候。

你是普罗大众，舍弃眼前的苟且就意味着降薪失业，意味着住地下室和吃泡面，而诗和远方就像是沾满蜜糖的毒药，一时痛快的背后，却是长时间的痛心疾首。

什么是文艺女青年？

是穿纯棉的服饰，来一场说走就走的旅行，有很多很多的梦想，读过很多很多的书，有一种乐器专长，还有一个痴情或者常情的恋人？

是习惯随遇而安，最终也是随遇而安？是一定要对着树洞才说出心事，谈场恋爱就一定要山崩地裂？

不是的，真正的文艺女青年，是可以对自己的生活负责，是活得独立、有主见。她们既有热气腾腾的灵魂和不甘于平庸的愿望，也有驾驭灵魂的自律和实现愿望的实力。

诚如作家伍尔夫所言:“你想文艺，你就必须要有属于自己的房间，以及5000英镑的收入，不然你怎么文艺得起来？”你看，“文艺”这种病，真不是一般人能生得起的。

其实，不论男女，每个人的强大都是用青春和汗水去换取的。青春终会在某一天失去，有的人成为自己喜欢的样子，而有的人，已面目全非。

05

自己不能展露光芒，就不要怪别人没眼光

如果你总是被质疑，被否定，
那么请你反问一下自己：
到底是“怀才不遇”，还是“怀才不够”？

1

小 E 是我的学弟，他第一次对我抱怨工作时，大概是一年前的事了。那时候的他像个怨妇，动不动就说领导为人挑剔、苛刻；抱怨同事爱占便宜、钩心斗角；要是谁升职了，他就满心不爽地说别人是靠拍马屁得来的……看着这个曾经阳光的男孩，在那么短的时间里就变得如此压抑，让人觉得很心疼。

一天，他又开始数落公司：“我要离开这里，烦死这些有心机的人了！”

我说：“双手赞成！”

他瞪圆了眼睛，明显是感到意外，因为以前他抱怨的时候，我都是劝他要冷静。

我接着说："这么烂的公司，你一定要给它一点颜色瞧瞧，必须离开它，否则太委屈自己了。不过现在不是离开的最好时机。"

小E问："为什么？"

我说："因为你现在走，公司一点儿损失都没有啊！你带着怨气走，它还不痛不痒的，那这样的报复多没劲。如果结局换成是，你做出了业绩，拉到了一堆客户，到那时候再走，那公司的损失才最大啊，你一走，那种报复才叫爽快！"

大概是半年之后，再见到小E时，他已经忙得不可开交了，聊天的时候，电话还响个不停。

我说："不错啊，现在也成大忙人了，是时候离开你讨厌的公司了。"

小E笑着说："领导和我谈过了，说我近期表现很出色，准备给我升职，我现在不打算离职了！"

其实，这正是我的初衷。我了解小E，也了解他的公司性质。在那间竞争激烈的办公室里，小E的智商和情商处于双双"欠费"的状态：他表达能力不强，见到领导就紧张，对于那些喜欢占便宜的同事，他既烦又不敢撕破脸面。最难受的是，他自尊心极强，被否定了一两次，他便会觉得自己毫无用处。可是，他的个人业绩那时候并不突出，表达能力也不好，自然就得不到信任和重用。

所谓"怀才不遇"的人只有两类，一类是不懂得自我推销的人，这类人把自己埋在土里，等人来挖掘和赏识；另一类是不够优秀，不够努力，却自以为很优秀。

我想说的是，你总得做出些成绩来，才能让人觉得你是人才啊！

如果你总是被质疑，被否定，那么请你反问一下自己：到底是“怀才不遇”，还是“怀才不够”？

总不能，才看了一天英语课本，明天考六级就要好成绩吧？

总不能，今天跑了三公里，明天上秤就希望能瘦十斤吧？

要知道，任何明显的改变，都需要时间的累积，需要一步步安静地努力，需要一点又一点“不那么明显”的付出，才能换得。要懂得，那些看起来光芒四射的人，他们一定是在黑暗的角落里暗自使劲，付出了许多无人问津的努力。

这世上，本就没有毫无理由的成功，即便是孙猴子，也是经历了万年的风吹雨淋，才有了那石破天惊的横空出世。

当一个人陷入低谷，觉得世界上没有人理解自己、认可自己的时候，或许更应该想一想，到底自己有没有足够努力，是否拥有足够的实力。

如果你不发光，别人哪有闲心在暗夜里去寻找你？如果你的光亮太暗，别人又凭什么要在那浩瀚星空里发现你、关注你？

如果你自己不能展露光芒，就别怪别人没眼光。其实，每个人都是一盏灯，它的瓦数是由你的实力决定的。可如果你一直都没有光，谁又会把你当盏灯呢？

所以，当你不被认可的时候，就请安静地努力吧，别抱怨，更别动不动就说把一切交给时间，时间才懒得收拾你的烂摊子。

2

朋友C刚刚研究生毕业，师出名门，自然有着很高的心气儿，找工作更是挑三拣四。从毕业到现在，不到半年时间，公司已经换了几家。

我问C这么频繁地换工作的原因是什么。C很委屈地对我说："我也不想这样啊，可是他们根本就看不到我的能力，每天给我安排的，不是整理文件，就是打印文件，甚至有个脾气很坏的老头还让我下楼给他买烟！这工作谁还干得了？"

我说："是不是觉得自己怀才不遇了？"

C用力地点点头。

我笑着说："我刚参加工作时，也做过端茶倒水、打印复印的事情，干一些完全不用带着脑袋的活儿。但总要经历这个过程啊，你总不能让老板看着你这张诚恳的脸，就相信你能力出众吧？"

C嘀咕道："可他也没有给过我机会，让我展现我的能力啊！"

我说："每个人或早或晚都会经历那么一段时光，忍受一些不能接受的人，做一些不喜欢的事，但是结果往往有意外的惊喜。职场上不能太急功近利，立竿见影的结果是要你的竿上升到一定高度才能出现的，而你现在还在水平面就想要见到影子，着急了些。人才是需要价值来体现的，在你还没显示自己价值的时候，你其实就只是一个买烟的、订盒饭的。换句话说，你的不遇一定是因为不才。”

每个人都应该有这样的意识，在应该努力的时候，不能急着要结果。这就好比在该磨刀的时候，不能急着去砍柴，因为这会伤了刀，更会伤了手。

时间还漫长，你要理智地去寻找一条适合自己的路，可能开始这条路会充满艰辛，但最美的花总是开在最恶劣的环境中。你不用担心上司看不到你的业绩，哪怕是端茶倒水，时间久了总会注意到你。

任何事情都有一个过程，这个过程你不必心急，只做好眼下的事，你的能力会在不知不觉中凸显。

同样重要的是，永远不要低估领导的智商。无论你做什么，都有人看着。如果你觉得做了很多，却不被赏识，那是因为他有意选择看不见，他是在考验你。

相信我，是金子总会发光，你还没发光，是因为你的纯度不够；怀才不会不遇，而是你怀的才太少。我相信，如果让那些自以为怀才不遇的人去卖菜，他们同样也卖不过小商小贩。

我知道，不被肯定的感觉，就像是被风刺伤一样，疼痛难忍，却又找不到凶手。这种疼痛感会让你的自尊心受挫，让你成为沉湎于过去、沉醉于孤独、虚度光阴的人。

可我想告诉你的是，越是觉得怀才不遇，就越需要逆水行舟。你要去给奋斗找时间，别给空虚留机会。因为“活着”的概念不是等死，而是要不断地证明自己，跑到很远的地方去看尽可能广大的世界，跑到筋疲力尽才不会后悔。

需要提醒你的是，不要和那些“自认为怀才不遇、怨天尤人”的人做朋友，因为你不知道什么时候，他会在抱怨老天时把他的失败顺便归结到你身上。

3

电影《港囧》里有一句台词很受欢迎：“我嫉妒你，嫉妒你没有才华还能胡作非为。”

为什么嫉妒一个没有才华的人？是因为他自认为自己有才华，却没有机会把才华施展出来。

实际上，施展不出来的才华，就像是冰箱里冷冻的肉，再怎么上等，久了也会变坏。

你自以为有才华，不是什么值得骄傲的事情，把那个才华拿来做成些什么，胜过存一堆酸臭的肉。

有一些人，读了几本书，懂一些理论，就以为自己是人才了，其实你只是知识和技能的储存器。不能对别人有帮助的才能，最多也只能是自己的装饰；不能施展出来的才能，顶多只能当作口若悬河的谈资。所以就别喊“怀才不遇”了。

还有一些人，明明只是努力了短短的一阵子，可一遇到困难、挫折，就各种忧伤、唏嘘，好像自己努力了很久一样。这也是为什么“怀才不遇者比比皆是，一事无成的天才随处可见”的原因。

不要抱怨自己没有一个好爹，不要抱怨自己的公司不好，更不要抱怨无人赏识。抱怨其实是最没意义的事情。

如果你实在难以忍受那个环境，那就暗自努力，练好本领，然后跳出那个圈子。

其实，这个世界只在乎你是否到达了一定的高度，很少有人会在意你以怎样的方式上去的——踩着巨人的肩膀还是踩着垃圾并没有太大区别，只要你上得去。

如果你有大才华，就去追求大梦想；如果你觉得自己的能力有限，才华也不够支撑起你的野心，那就安静下来，步步为营，逐渐积累。

如果需要反省，不要在梦想上找问题，而是要在才华上卧薪尝胆，反思它为什么不能日渐丰满。

每个人的内心都渴望被理解、被赏识。但没有人会赏识一块烂木头，你要努力让自己开出花来，才有资格被赏识。怕就怕，你横溢的不是才华，而是肥肉。

06

你总觉得还有时间，而这就是问题所在

不要当父母需要你的时候，除了泪水，一无所有；
不要当孩子需要你的时候，除了惭愧，一无所有；
不要当自己回首过去的时候，除了遗憾，一无所有。

1

筱姑娘是出了名的拼命三郎。同样是大学四年，别人忙着交朋友，忙着游戏、追剧、八卦，她总是独来独往于寝室、教室和自习室之间。别人为了演讲手足无措，她却在台上气定神闲；别人为了论文焦头烂额，她的论文却发表了一篇又一篇。

临近毕业，别人忙着参加各种招聘会，被这家挑剔，被那家拒绝，而她凭着大学里拿到手软的奖学金、各类奖杯、发表过的论文、良好的英语成绩，竟然以一个本科生的学历打败了一堆研究生，顺利入职。

朋友问她："这么拼，不觉得对不起大好的青春吗？"

她说："我现在住的房子是租来的，只有15平，我每天早上五点半起床，晚上十一点睡觉，除去吃饭、午休的时间，等于我每天要努力14个小时以上，而这些努力可以带来的好处是：10年后，我可以在我自己的房子里，睡到自然醒，起床吃精致的早餐，然后去自己的公司工作；假期带家里人去旅行，不会因为钱的原因而选择不喜欢但便宜的东西，不会因为钱的原因委屈自己或者家里人。因为我很清楚，现在的辛苦可以成就我未来的幸福，所以我并不觉得苦，而是觉得超值。"

你的努力决定了你未来会遇到什么样的同事，结交什么样的朋友，拥有什么样的恋人，去哪座城市，过上什么样的生活。你的努力可以让你看到一个更广阔的世界和更大可能的自己，而不是一辈子困在父辈的阶层里动弹不得。

努力的意义就在于，追上那个曾被寄予厚望的自己，远离讨厌的人与事，将喜欢的一切留在身边，打脸某些人说的"你不行"，以及心安理得地活得不一样。

所以，请你在每个犯懒的关键时刻给自己打气：我要用诚恳的努力去获得压倒性的胜利，我要所有赞美的词语都聚拢在我身上，我要在尘埃落定的那一刻骄傲地告诉全世界"这一把我赢定了"。

那么你呢？

上大学的时候，你是寝室里起得最晚的那个，如果醒来发现迟到了，就干脆不去，赶上老师点名，就让室友帮忙答“到”。然后你就可以心安理得地瘫着玩手机，先看明星八卦，再去追追综艺、电视剧，然后打几局游戏。

你一天三顿饭全靠外卖，晚上寝室熄灯了，你还在游戏里“奋斗”，在影视剧里缠绵。结果第二天又起不来。时间久了，你也会有良心发现的时候，但“明天我要重新做人”的鸡血撑不过三分钟，就又被自己的懒惰打回原形了。

当别人忙着自习，忙着写论文，忙着准备考试、参加社团、找实习的时候，你继续玩着手机，心里想的是：“以后还有机会”“还来得及”“我还年轻”。

结果是，你的大学四年，四级考了很多次还是没过，毕业论文被老师批了好几回才勉强通过，投的简历也都石沉大海。

当有一天，你走出校门，要与无数求职者同台竞技时，你就会发现：没技能，你只能做简单的行政；没经验，你只能拼命地加班加点儿。到那时，你会陷入无尽的懊悔中：“大学为什么不好好学习？为什么不好好准备论文？为什么不多考几个证书？为什么不多去几家公司实习……”

我想提醒你的是，你在学校或者公司里“摸鱼”，这些安逸其实都是你偷来的，而偷来的安逸迟早是要还的。

拿什么还呢？无非是：越来越糟糕、越来越被动的处境，越来越少、越来越苛刻的选择。

切记，今天的舒服如果不是用过去的努力换来的，那么必定会用未来的幸福买单。

2

《西游记》里的妖怪是因为打不过孙悟空才没吃着唐僧肉的吗？

不是的，几乎每一集，唐僧都会被妖怪抓走，但妖怪们不是第一时间就把他给吃了，而总是喜欢强调一句："把唐僧给我绑起来，大王我明天再把他拿来下酒。"

同样的问题，你是因为能力不够或者时间不够才没有实现既定目标的吗？

也不是，你的目标大多数都在你的能力范围之内，可惜你总喜欢强调："从明天起。"

结果是，明日复明日，明日何其多，既然这么多，那就再拖拖。

拖延会让你产生一种错觉，误以为自己可以绝地反击。但实际上，拖延只会把你逼上"绝地"。

所以我的建议是，一定要趁着热情高涨、情绪饱满、时间充裕、身体健康、心态平和的时候，马上开始行动。不管是解决麻烦，还是开始逐梦；不管是学习、工作、感情，还是约会、交友、看望亲人，千万不要等。因为随时都会出现烂摊子，让你状态不好，让你情绪低落，到那时候，你要么是事倍功半，要么是追悔莫及。

偷懒不过是一个“在自己觉得累之前，就先休息”的坏习惯。偷懒的后果不堪设想。它会夺走你的天赋，取消你的机会，清空你的梦想，让你变得平庸和乏味，变得借口多多和抱怨满满，变得怀疑自己，甚至是讨厌自己。

所以，不要寄希望于“我明天开始努力”，也不要觉得“等我努力了，就一定会怎么怎么样”。人很容易产生一种谜一样的自信，比如“我只是不够努力，否则我肯定比他做得好”“那么简单的事情，我一下子就能做完”。但只有你真的去努力了，你才会明白：自己的阅历、见识、能力，还有态度，都有问题。

我的建议是，定好了目标，做好了计划，有了努力的念头，就马上行动起来，一开始做得不好没关系，一开始看不到效果也没关系，即便只能做到 50 分，也好过什么都没做的 0 分。

更重要的是，你会在一次又一次的实际行动中，找到方法，掌握技巧，进而表现得越来越好，越来越接近满分。

用实际行动来证明自己行不行，远好过用想象来纠结自己行不行。脑子里走了迢迢万里，远不如脚下踏出一步。

半途而废，浅尝辄止，过早退出，是一切失败的根源，不论是感情、工作，还是人生，都是如此。

你以为混一天算一天，但等到将来的某天，你会突然发现，自己当前的所有困难和绝境，其实都是自己曾经竖起又被自己放倒的目标。

所以，不要拖，不要等，不要懒，不要待在糟糕的情绪里自我拉扯，不要困在厌恶的圈子里画地为牢，你间歇性的努力、蒙混过的日子、内耗掉的热情，都会逐渐清空你之前的努力。

切记，青春的烦恼只有你成长了才会解决，发展的瓶颈只有你变强了才能突破，生活的麻烦只有你变厉害了才能搞定。

3

打败拖延和懒惰，有一个非常有用的原则，叫“5 分钟原则”。

任何事情，只要能在 5 分钟内完成，就马上去做。比如拖地、清理桌面、顺手洗碗和袜子。

不想做的事情或者感觉有点儿难度的事情，先尝试做 5 分钟，一旦你开始了，你就会发现，很多事情其实没有想象的那么难。

怕就怕，你空有一颗想努力、想改变的心，却在实际生活中活得敷衍又潦草，于是你的常态是：一边痛恨自己的懒惰和拖延，一边又纵容自己沉溺在当下的满足和安逸中。

你每天的日常是：背着一大堆资料去图书馆占座，结果却玩了一上午的手机；下午游戏到晚上，直到临睡前才想起来该努力了。然后第二天继续如此。

如果你知道自己应该做，也一直想做，但从来都不做，那你遗憾什么，抱怨什么？如果你从来没有灌溉过，你怎么能希望有一棵大树突然出现在你身边？

想必你也知道，穷人的心里有几百个消费计划，而胖子的收藏夹里有几千种减肥方法，对现状不满的人的脑子里有成千上万次努力的念头。

一个人能不能成功，不是自己能决定的，但能不能有所行动，能不能坚持下去，却只有自己能决定。

事实上，立即起效的东西常常很难长久，比如一见钟情和心血来潮；而长久的东西往往不会立即见效，比如埋头苦干和心平气和。

趁早开始行动，就能早点知道自身的短板，早点查漏补缺，不然的话，你会把当前的不如意和不成功全都推给“我只是不够努力”，然后活得邋里邋遢的，还觉得自己特厉害，这也瞧不起，那也看不上。

如果有人总是强调“这不是努力的事”，那很有可能就是努力不够的事，就像如果有人总是强调“这不是钱的事”，常常就是钱不够的事。

4

一个歌手，如果太久不练嗓子，他就会失去对音符的掌控感。

一个厨师，如果太久不下厨，他就会失去对食物的灵感。

一个作家，如果太久不写字，他就会丧失对文字的敏感。

一对恋人，如果太久不谈情说爱，他们就会忘掉心动的美妙。

一个年轻人，如果太久不努力，懒惰就会在他的身体里生根发芽。

懒惰是浪费天赋的最好办法，拖延是毁灭梦想的最佳武器。

再打一盘游戏，再熬一会儿夜，再晚一点开始，听起来都是小事，但里面藏了太多的名为“懒散”的细菌，它们会慢慢侵入你的五脏六腑，侵蚀你的骨骼，霸占你的灵魂，让你一辈子都站不起来。

反之，再努力一会儿，再上进一点点，再加一把油，再坚持一下下，你就会慢慢养成变好的惯性。

比如，你早上从跑步机上下来，走路轻快有如神助；你早起一个月，到五点半自动醒来，洗漱、吃早餐，精神抖擞一整天；你两个月清淡饮食，看见大鱼大肉就如同见了虎豹豺狼；你坚持每天看书、写字，半年后每天不写点儿什么就浑身不舒服。

正是这些看似毫无波澜的日复一日，会在某天让你看到坚持的意义。

不努力的人生不配叫人生，只能叫认命。

别听“世界属于‘80后’、世界属于‘90后’、世界属于‘00后’”之类的鬼话，如果世界真的能属于谁，那也只属于“努力拼搏后”。

也别信什么“睡一觉都会好的”“美好的事情即将发生”之类的宽心话，生活不会自己好起来的，你也不会突然间就脱胎换骨了。

能让你变优秀的，是强烈想变好的愿望，是日复一日的坚持，是你的行动、决心、教养、人品、耐心、不断反思和修正的总和。

年轻的我们对时间的流逝没什么概念，每天吊儿郎当地得过且过，胸怀大志地眼高手低，总以为还有时间，还有机会，还能绝地反击，还能在某个好运的加持下瞬间逆袭，结果逐渐沦为了人群中最平淡无奇的那一位。

不要当父母需要你的时候，除了泪水，一无所有；不要当孩子需要你的时候，除了惭愧，一无所有；不要当自己回首过去的时候，除了遗憾，一无所有。

上天在往人间喷洒智慧的时候，你肯定是打着伞的！

07

对不起，这个世界本来就不公平

你要趁早停止对“不公平”的抱怨，让自己强大起来。
否则的话，生活会锋利得像一把刀，
当它砍过来的时候，你如果还没准备好坚硬的铠甲，就等着被劈成两半吧。

1

朋友E在一家私企上班，是那种“把女的当男的用，把男的当牲口用”的地方。

有一天她给我打电话，向我抱怨所在公司“福利差”，还“死累死累的”。更过分的是，说好给她升职加薪的，结果是一拖再拖。

我问她：“为什么不辞掉，换份工作呢？”

她说：“自己已经干了四年了，本来是奔着一个领导职位去坚持的，可前几天，听说领导的小舅子也看中了这个职位。太叫人无语了，你拼死拼活才混个温饱，人家有个领导当亲戚，轻轻松松就爬到你头上去了。”

很快，一连串能让我的耳朵生出老茧的抱怨开始了：她抱怨自己没有房子车子，所以要挤公交地铁；她抱怨没有一个有钱的男朋友，所以不得不自己扛着一大包的文件回家；她还抱怨自己倒霉，总是碰到那些变态的客户……

我打断她说：“虽然每个人手中的资源不大平衡，但是你已经很厉害了，当年考上了那么好的大学，咱班上你第一呢！你看你，高考那么努力，考上好大学了，命运不就跟重新洗牌了一样！”

她似乎并不那么认同，补充道：“考上好大学，那是我努力的结果啊。那时候，同学们都在拼爹，找关系，最差的也都在报补习班，就我是凭自己努力考出来的！可结果呢？毕业后还是没人拼成绩。像我这样没背景的人，只能待在这样的小公司，受窝囊气。”

我说：“那你就好好练练技能啊，到时候再换一份好点儿的工作。”

E说：“我才不换呢，大不了混混日子，不给涨薪升职，那我就少干点儿活！”

也不知道是她发泄完了，还是说累了，又或者是因为我说的话不合她心意。没一会儿，只听见她深深叹了一口气，就草草结束了这次通话。

或许，每个人都会经历一些不公平的事情，或者看到一些不公平的现象。也确实有一些人像E这样，因为遭遇了不公平现象而陷入焦虑，消极工作。这些人把所有的困境和弱点都归咎于这个世界的不公平。

在这些人眼里，相貌、身高、际遇、眼界、能力，全都是因为出身不够优越造成的；所有的错误、缺陷、失败，全都可以找到足够原谅自己的客观因素。所以他们得出的结论是：不管自己怎么努力，都无法改变不公平的现状。

是的，这个世界确实存在着很多不公平，但最公平的就是，每个人每天都拥有二十四小时。你不努力，永远不会有人对你公平，只有你努力了，有了资源，有了话语权以后，你才可能为自己争取公平的机会。

在这有限的时间里，如果你能把精力花在修炼自己上，那么，就算一天、两天、三天，你和身边的人看不出什么区别，但假以时日，你一定会让人刮目相看的："天哪，他明明和我一路同行，怎么竟一下子飞上枝头成了凤凰？"

诚然，从出生开始，每个人都会面对各种各样的不公平——他是富贵人家的翩翩公子，你是普通百姓家的平凡少年。如果有一天，你和他能够站到同一高度，那预示着你付出的努力，走过的弯路，都必将比他多出许多许多。

但是，你有没有想过，你能够和他进同一所大学，进同一家公司，做同样的工作，难道这些不都是因为你的努力让这个不公平的世界做出的让步吗？

人的一生，就是用尽自己的全部努力，将这本来倾斜的世界慢慢扳平的过程。

哪怕不能马上看到效果，或者使尽全力也不能实现绝对的公平，但进步一寸，就有进一寸的欢喜。如果你不去尝试，连失败的机会都没有。

命运对每个人都是饱含深情的，你投入得越多，它回馈你的就越多。若是把时间用在数落命运的种种不是上，那你就会在不知不觉中浪费了大把大把的机会。

你要明白，虽然世界会有“不公平”，但“不公平”从来都不是“不努力”的理由。

希望你每晚入睡之前，都能认真地问问自己和起床时有哪些不同。当你的能力逐渐出类拔萃了，当你的气质慢慢变得卓尔不群了，你还怕没有华丽转身的机会吗?

2

常常听见有人说：“世界太不公平了，为什么我不能像她那么瘦？为什么我不能像他那么帅？为什么我没有一个有钱的老爹？为什么他面试的那道试题那么简单？为什么他遇见的都是好人……”

是的，我知道，世界一直都是这样，不公平、不公正，甚至还有一点残忍。但我更想说的是，不公平会让你比别人更加努力。

当你真正意识到世界是不公平的时候，世界其实是在弥补你。因为它没给你一个傲人的背景，却给了你一颗不服输的心。

曾有人诋毁一位青年作家炫富，大概是说：“你的钱还不是我们买书给你的钱！要是没有我们买你的书，你能穿名牌吗？估计都快饿死了吧！真是对你失望。”

这位作家专门对此评论说：“刚开始，我觉得自己像一个乞丐。因为只有乞丐，才会听到别人对他说：‘要不是我给你钱，你就饿死了。’我当时觉得，这个世界真不公平，有的人可以一出生就穿名牌，而我自己努力赚钱穿名牌竟会遭人唾弃。后来我才意识到，不公平的世界，就更应该努力。否则，这种不公平就会一直存在！”

他在评论的最后写道：“这是我没有睡觉的连续第四十九个小时。出版社的截稿日悬在头顶，我喝了杯咖啡，看了看电脑右下角的时间——两点十分，然后继续开始工作。如果从楼下的草坪望上来，可以看见我房间孤独的灯，亮在一整栋漆黑的楼里。但是，他们不会看见的，他们这个时候，正在享受甜美的睡眠和梦境。他们看见的，只是你清早提着 LV，走到楼下，司机拉开了车门，你坐进去的背影。他们嫉妒的眼光把你的后背戳得血肉模糊。”

这个世界到处充满着不公平，我们能做的不仅仅是接受，还要试着做一些反抗。

你要相信，虽然存在不公平的地方，但是还没有不公平到会让有实力的人埋没到出不了头的地步。

你得承认这世界本来就不公平，甚至没有什么所谓的“公平”。你努力工作了，不一定就能得到升职加薪的机会；你拼命爱一个姑娘，不一定就能让她爱你；你天天学习画漫画，不一定可以成为一名出色的漫画家。

是的，就是这么残酷，那既然努力也没结果，还努力干吗呢？

我猜，看到不公平还要努力的原因是，唯有努力才能让我们看清楚自己是谁，以及自己要去往何处。因为天赋和能力是上天给我们的初始值，所以就算你生来血槽就不是满的，你还是得战斗。

实际上，人就是要以“差距”做动力，以自卑为跳板，指不定会跳得更高。

怕就怕，当不公平的现象激怒了你，当你四处高喊“我需要真理，我需要公平”时，你实际已经忘了，公平根本就不存在。如果有便宜让你占，你可能也会忘了公平是怎么回事。也就是说，你要的公平，只是希望世界对你公平，只是希望能拿到比付出的更多一点罢了。

诚如某位作家说的那样：“痛苦来临时不要总问：‘为什么偏偏是我？’因为快乐降临时，你可没有问过这个问题。”

是的，生活并不公平，但你要学着去适应它。有人一锄头下去，就挖出了钻石；也有人辛苦地开山挖矿，最后挖成了自己的坟墓。

生活不会在意你的自尊，人们看的只是你的成绩。生活也不会特别地对你温柔，它既功利，又尖锐，还有点儿不近人情，不过，在用实力说话面前，一切又很平等。

3

有一则很火的漫画，画面很简单，是两个女孩的对比图：A 每天五点半起床锻炼，B 在呼呼大睡；A 八点钟定量地吃精致的轻食，B 则胡吃海塞各种垃圾食品。然后她们在马路上擦肩而过，B 指着 A 对小伙伴说："瞅瞅，世界真不公平，她怎么那么瘦，而我这么胖？"

很多人都有这样的心路历程，明明是自己不够努力，却将别人的成功归结于天时地利人和，而忽略了别人成功背后的努力。

其实，很多人所谓的不公平，只是在怨悔自己没能得到而已。但是在你伸手向命运索要公平时，自己就应该先要像别人一样"公平"地付出。

在工作和生活上，遇到一些不公平的事情是正常的，也是暂时的。如果你把不满、不幸的事挂在嘴边，认为是命运在跟自己过不去，过分强调外在因素，而没有从自身查找原因，就会陷入抱怨的深渊，看不到快乐的阳光。

你和所有人一样，享有教育的权利，可你不愿意像别人一样努力，后来看着凭着自己的高学历有了份好工作的人，你就会安慰自己说人家是"官二代"或者是"富二代"，你从不检讨自己不够踏实、努力、上进，你只会抱怨和幻想。

如果你没有勇气扼住命运的咽喉，你所谓的不公平就是桎梏你一生的牢笼，你就在这牢笼里永远哀叹自己不幸的可悲的命运吧！

自身条件不够好，要么就努力改变自己，要么就学会自我解嘲，可有的人偏要跑到“高富帅”“白富美”的面前叫嚣：“有钱你就了不起吗？”“长得好看又怎么啦？”“你这种人不懂生活的艰难！”

我想说的是，穷和丑不可怕，可怕的是倚穷卖穷，倚丑卖丑；活得艰难不可怕，可怕的是活得难看，还想让别人也一样活得难看。

不公平的怨念迟早会毁了你。

首先，它会用“不平衡”的心态阻碍你去思考，并且为你准备好了一个不用付出全部努力却能心安理得的理由。

然后，它会一步步把你带进懒惰的深渊里，再给予你抨击社会、权贵的乐趣，让你失去自省的能力。

最后，你便陷入了自怨自艾和自怜自哀的恶性循环之中。

这种怨念的可怕之处在于，它让你觉得“任何付出都是浪费”。直到有一天，你发现自己一事无成却还是没法觉醒，因为这股怨念变成了蒙眼布，让你在机会面前、在运气面前无动于衷，甚至还会抱怨一句：“瞧瞧，多么不公平的世界啊！”

你要趁早停止对“不公平”的抱怨，让自己强大起来。否则的话，生活会锋利得像一把刀，当它砍过来的时候，你如果还没准备好坚硬的铠甲，就等着被劈成两半吧。

08

你想要的，别人凭什么给你

多想想“别人凭什么要对你好”和“凭什么会对你好”，
每个人都需要给出一个自己的理由。

1

读研究生的小东是我的朋友里脾气最好的人，我认识他五年了，也没见过他跟谁红过一次脸。直到前不久，他发火了，而且还相当大。

那天，小东去汽车站买回家的长途客运车票，因为家在偏远的农村，车次很少，排队的人很多。当售票口开始售票时，一个老爷子突然就插到小东前面，完全没有任何预兆和解释。

小东拍了拍老爷子的后背，说：“大爷，这边都排队呢！”老爷子头也不回，像没听见一样。小东就又拍了一下，并且重复了刚才的话。

这可倒好，老爷子怒了，转过身就大声嚷嚷道："我年纪大了，插个队怎么了？站那么久我受不了，你再碰我一下试试！"

小东一下子蒙了，脸涨得通红，正准备找老爷子理论时，被后面的人拉住了。

小东跟我说起事情的经过时，还是一脸的火气。他愤愤不平地说："谁不是站那么久？再说他年纪又不大，凭什么倚老卖老？"

小东的遭遇让我想起了另外一件事，一个好久不联系的大学同学突然找我借钱。经过确认，排除了骗子可能之后，我才想起来我和他只一起上过几次计算机选修课。

他张嘴就来："你借我两万块钱呗，我下个月结婚准备买房子。"

因为不熟，我推辞说："我下个月要出去旅游呢，预算刚刚够。"

他说："不是吧，你出门旅游的钱都有，借我就没有了？"

我说："不好意思，真的没有了。"

他说："你真是太不够意思了，我们是同学啊，我都向你开口了，你不能见死不救啊？"

我一下子就火了："我跟你很熟吗？你都开口找我借钱了，我还得谢谢你呗？"说完就把他拉黑了。

在我们的生活中，有这么一类人：他们把自己标榜为弱者，永远是一副"我是弱者，我现在需要，所以你就得给我，就得帮我"的姿态。如果你拒绝，那就是你自私，就是你冷漠，就是你丧尽天良。

如果你不满足他，他就会捶胸顿足地表达委屈："为什么？为什么对我这么不公！"好像这个世界是因为有人没有帮助他们才变得如此冰冷和现实的。

他们从来都没有想过：自己想要的，别人凭什么要给他？他们永远在强调自己缺什么，然后不管不顾地去跟人要，要不着，就认定是对方没人性，不厚道，又或者抱怨世界太黑暗，社会太现实……

没错，你确实不如别人生下来就有豪宅名车、英俊貌美、高贵富有；不如别人天资聪颖、机智练达；不如别人身体健康、人见人爱；你卑微、贫穷、笨拙，可你终究只是一个弱者，这又有什么了不起？

弱只是你实力的注解，并不是用来要挟这个世界的道具。

你那么迫切地以“弱者”自居，不就是为了要挟世界给予你更多的宽容、帮助甚至成功？可你别忘了，真正需要同情的，是缺失基本生存能力的人，而这样的人往往是不会喊这么大声的。

弱不是你向全世界无限索取的理由。即使别人因为你的弱势而施舍给你想要的东西，那也仅仅是施舍而已。但你要记住，你是弱者，不是乞丐。弱者只是你一时的处境，而乞丐则事关你的气节！

弱更不是你自怨自怜的资本，而应该是你“变强”的动力。因为你比那些生下来就受万千宠爱的强者要弱势得多，所以你就多了一份可以去闯、去改变命运的机会。而当你终于变强的那一天，你就会知道，为什么有些看似成功的人，不会轻易地帮助你，不是因为他们抠门，而是因为他们懂得：如果一味地施舍你，你就会永远只是个乞丐。

还有一类人，他们会利用你的专业来请你“帮忙”做各种事。比如“你英语不是过了专业八级吗？帮我翻译一篇论文呗”“你不是中文系毕业的吗？帮我写个讲话稿呗”“你不是学设计的吗？帮我设计个标识呗”……他们提出请求的语气，就好像你完成这些事情是极其容易、理所当然似的；就好像你过八级、学中文、做设计是为帮助他准备似的。

只是他们不知道，翻译一篇论文、写个讲话稿、设计一个标识，也是需要时间，也是需要死很多很多脑细胞的。

你要靠自己去努力，你想要的改变，也只能你自己给；别人给的，你要问问自己：“拿得起吗？”

当然了，生活中难免遇到“恃弱逞凶”的人，最好的战略方针是：你弱你有理，我强我不理你。

2

M 是个职场新人，上了三个月班的她在微信上向我诉苦。

她说：“老板不重视我，给我安排的事情都是一些不起眼的小事，买复印纸和给文件分类是我做得最多的事情。我哪有机会成长？”

我反问她：“老板凭什么委你以重任？你有给老板看过什么能证明你实力的策划案吗？”她摇摇头。

她接着说：“老板给我指派了一位前辈，可他根本就没想教我什么，整天就只顾忙他自己的事情。”

我说：“前辈凭什么要义务教你？前辈们的宝贵工作经验，不都是经过时间积累和沉淀，不都是经过一次次的挫败或成功所凝结起来的吗？”

她说：“那为什么有的新人可以进步得那么快，而我总是忙些琐碎的事情，既没有成就感，又无趣、无聊、没进步？”

我说：“机会都是均等的，别人之所以比你更快地适应，更早地赢得机会，是因为别人比你更拼，更尽力。”

我解释道：“有的新人进步得快，绝不是因为他们运气好，而是他们做到了一个新人应该做好的本分罢了。作为新人，你的态度会决定你在这个公司里将会学到什么。如果你总是被动，那么你得到的肯定是‘被忽视’。作为职场新人，最初交到你手上的工作多是简单、琐碎的，在你看来不那么重要的。你可以很快就完成，那剩下来的时间你会做什么呢？上网聊天？看微博？聊微信？还是主动问问身边的前辈们有没有什么事情可以帮忙的？哪怕只是收一个邮件包裹，或者顺手冲一杯咖啡，至少你会给前辈们留下‘这家伙还行’的印象。这样前辈们才有意愿去帮助你啊！”

其实M的遭遇是很多职场新人都会面临的问题：当你经过一番厮杀，拼到一个自己较为满意的工作岗位或实习机会，当你心生憧憬，觉得自己的美好职场人生就要开始的时候，现实却给了你一记闷棍：你发现周边的同事们都埋头做着他们的事情。对于你的到来，友好的人会对你笑笑，冷漠的人会连头都不抬一下；运气好点的人可能会遇到十分热情的人，他们会主动和你打招呼。

我想告诉你的是，在大多数情况下，在一个高速运转而人人都有各自职能的职场机器中，更多的人无暇顾及你的存在。“我自己手里的活儿多着呢，谁有空搭理你啊？”

不管你了不了解这个世界，这个世界都不会弯腰来迁就你。就算你无止境地坠入谷底，也不要觉得理所当然地会获得同情。

这时候的你，要想象自己已经站在了悬崖的最边上，一个不小心就会坠入万丈深渊。所以，请打起十二分的精神来。

就算你运气特别好，公司给你安排了一个非常有经验的前辈，但你很快就会发现，他根本就没有多余的时间来教你东西，而是把你晾起来。你委屈吗？你说当然。可我想问你，别人凭什么帮你？哪个前辈不都是经历了诸多辛苦才领悟到的工作经验，凭什么要与你这个新人分享呢？你哪来的资格翻白眼，拍桌子，嘀咕，闹情绪？

若真是有暴脾气，你又不愿改，那就拜托你增长本事，别人能从你这儿得益了，就会趋利避害，也能忍你。怕就怕，你一无是处，还自以为是“虎落平阳”。

所以，对于前辈们交代的事情，你要积极主动地接受。遇到问题的时候可以大胆主动地提出来，用谦虚的态度跟人请教。即使你觉得完成起来有困难，也不要轻易地讲出来，“这个太难了”“我不会”，这样的话说多了，就会让人觉得你是一个怕困难的人，那你又凭什么要求前辈和领导信任你呢？

此外，你还要学会学习，比如同样的任务，就算没有交给你，你也要看前辈们是如何完成的，还要试着自己去想解决方案。大到做任务，小到接电话，你都可以学习，而不是干坐在办公桌前，等前辈们忙完了来教你什么。

人生就像一只储蓄罐，你投入的每一分努力，都会在未来的某一天回馈于你。只要你有了一定的积累，你就会在不知不觉中变得不一样，等机会降临时，才不会惊慌失措。

你会慢慢发现，人呐，真得自己努力、自己争气，一旦你做出些成绩来了，全世界都会对你和颜悦色。

3

我经常听见这样的对话：

“这个真的没有办法。”

“是吗，各种方法都试过了？”

“嗯，都试过了。”

“……这个试了吗？”

“哦，没有。”

“……这个呢？”

“哦，也没有。”

那你凭什么向老板提涨工资、升职？凭什么向朋友开口要帮助？凭什么向恋人要更多的感情？老板给你安排的任务，你千方百计地完成了吗？还是找来种种借口搪塞，或者在任务失败后推卸责任？朋友当初找你帮忙的时候，你假装消失了吗？又或者他给你发的节日祝福，你及时回复了吗？恋人给你的关怀，你珍惜和及时反馈了吗？还是打着爱的名义，一味地要求对方付出？

如果你没有做到，你凭什么轻言放弃？凭什么张嘴闭嘴就迷茫？凭什么受点儿挫折就厌世？凭什么指着理想说遥远？凭什么闭着眼睛说没有目标、没有方向？

其实，能成事的人和平庸的人最大差别就是：在你想放弃、想偷懒、想退却的那一瞬间，有人却坚持了，尽管他和你同样疲惫或胆怯。

有人羡慕别人的收入，却不知道那份收入背后，有他日日夜夜的艰辛；有人羡慕别人说走就走的自由，却不知道那份自由背后，有它相应的代价。一切都有代价，所以不必羡慕，生活不在于别处，而在于你付出了多少。

当你没有强大的实力，没有靓丽的外表，没有温柔的个性，就别问别人为什么不喜欢你、挑剔你、轻视你，而应该多问自己：凭什么？

其实，时间并不能改变一切，改变一切的只能是你自己，你所有的时间只该做能改变你命运的事情。要知道，这个世界从来都不会同情弱者，穷的、苦的、痛的，最后都只是你自己。

多想想“别人凭什么要对你好”和“凭什么会对你好”，每个人都需要给出一个自己的理由。

在现实的世界里，你想要的物质或感情并不是高处的水塔，你把自己放在更低的位置，它们就自动地流向你。不是这样的。它们更像是水井里的水，你得付出辛苦去挖、去建设、去积累，然后再靠力气，才能把它们打上来。

所以，要么认穷，穷死；要么动一动，少点穷；再要么，拼了，用十二万分的努力来一次石破天惊的创举。

09

比你优秀的人，往往都比你更努力

人需要长大三次：

第一次是在发现自己不是世界中心的时候；

第二次是在发现即使再怎么努力，终究有些事还是会令人无能为力的时候；

第三次是在明知道有些事可能会无能为力，但还是会尽力争取的时候。

1

老 K 是朋友圈里的高富帅，既聪明，又好学，勤勤恳恳学习的样子，倾倒了无数姑娘。

有一次我问他："当你看到别人花言巧语追女孩子，别人周末上街大包小包地购物，别人假期两个人甜蜜地飞来飞去旅行的时候，你不羡慕吗？"

他把埋在书堆里的脑袋抬起来，应声答道："那你觉得上学的时候，傻乎乎地把自己家的全套钥匙送给女朋友，就很浪漫、很抒情、很温柔、很韩剧？现在不好好学习，将来怕是连个钥匙串都买不起。"

还有一次，一堆人逃课去玩游戏，怎么喊他，他都一副“我自岿然不动”的架势。有一个人急眼了，说了句：“就你这么个学习法，我看你以后有什么出息！”

老K不温不火地回答：“我呀，没什么出息，智商不高，情商不高，各种商都不高。但我知道，我喜欢詹姆斯和库里，如果我现在不好好学习，以后别说NBA总决赛了，恐怕连季前赛门票都买不起。”

可以说，大学四年里，老K以一种近乎疯狂的姿态在学习，直到毕业五年后，在学校的学术报告厅里，我才再一次见到了老K。这时候，他的身份已经由一个本科生变成了一个有多项学术成果的博士。

在报告完自己的论文内容之后，我约他见了面。已经今非昔比的他还是一如既往地忙着学习，书包里装满了各类学术资料。

我问他：“大学的时候，大家都忙着玩，忙着迷茫，为什么就你马不停蹄地刻苦学习呢？”

老K仰着他那帅气的脸，依旧毒舌地说：“当你想到以后吃不起肉，旅不起游，看不起最新电影，连买本三块钱的杂志都要犹豫挣扎，你还敢迷茫、敢忧伤啊？再假想一下，若是混到中年，住不起房，开不起车，做着自己不喜欢的工作，天天对着现实哼哼唧唧，谁会去听你那‘凄美感伤’的烦恼？所以必须努力啊！”

我又问：“你这么努力，不觉得亏待了青春吗？”

他瞬间严肃了起来，说：“不会的，我觉得挺充实。年轻的时候，很多人总想着一夜成名。但是如果把人生当成一次马拉松长跑的话，在前一千米是否能跑在第一名，是否有人鼓掌，真的不是那么重要。”

一瞬间，我像是被什么击中了，竟好一会儿说不出话来。

“再歇一会儿就学习”“再玩一会儿就睡觉”“再吃一顿大餐就减肥”“再睡一会儿就上班”……我们经常在这些细节上被打败。就这样在不知不觉中，才猛然发现：身边本就比自己优秀的人，竟然比自己还要努力。

其实，成功的人各有各的方法，但蹉跎的人，却有着惊人的相似：无非是懒！

优秀的人都有一个共同的特质，那就是全身心地投入：苹果公司首席执行官蒂姆·库克每天早上四点半起床发邮件，而且往往还是晚上办公室走得最晚的人；通用电气首席执行官杰夫·伊梅尔特每周工作一百个小时；星巴克 CEO 霍华德·舒尔茨每天骑车去上班，保证自己在六点之前赶到办公室……

你看，这些比你优秀得多的人比你更努力，那你又有何资格不勤奋？

在与众不同的背后，往往是一些不足与外人道的辛苦。每一个与众不同的人，其实都是以无人能及的勤奋为前提的，要么是血，要么是汗，要么是大把大把的无人问津的寂寞时光。

2

世界上最让人觉得惊慌的事情，莫过于比你优秀的人还比你努力。

我身边就有好几个这样的人，他们论家世背景，论言谈举止，论个人素养都是数一数二的，但是他们仍然比别人努力。

J就是其中一个，他是一位标准的“富二代”，有着让人羡慕的家庭背景不说，自己还特别争气，获得了好几所国际知名大学的博士学位。

他在二十六岁的时候就开了家IT公司，别人都觉得他很酷炫。可事实上，他跟所有的创业者一样，租了个小房子当办公室。为了省时间，他几乎每天都住公司，晚上睡沙发，第二天醒来接着工作。

别人问他为什么还要这么努力，他回答说：“我起点是高，但是站得越高，摔得越惨。刘瑜不就说过吗？海阔凭鱼跃，天高任鸟飞——你怎么知道不是海阔凭鱼呛，天高任鸟摔呢？”

最让他紧张的是，如果一般人失败了，可能就周围几个人看笑话；而如果他失败了，看他笑话的，能排几条街。

他常常说：“有钱人的失败新闻谁不爱看啊，我隔壁二大爷家的狗都能开心几天。”

还有一些“富二代”努力的原因更单纯，因为“穷”。是的，你没听错。也许你觉得他是“富二代”，但是在他的圈子里，却未必如此，就像我们眼里的有钱人，在比尔·盖茨眼里还是个穷人。既然穷，就要努力奋斗。

那么，当你在面对这样的对手时，你是该说“因为人家比我家境好，所以脑子比我好使”，还是会说“因为人家比我家境好，而且还比我认真努力”？

对大多数人来说，总是不愿意“责怪”自己或者“逼”自己一把，他们从一开始就接受了自己“平庸”的现实，然后就可以心安理得地继续过自己“与世无争”“各安天命”的生活。

同样是面对那些比我们优秀的人，还有一部分人从中感受到的却是“紧迫感”，是“奋发向上”的冲劲，是不可遏制地让自己变得更好的欲望。

其实，不论是什么地位、什么层次的年轻人，都需要长大三次：第一次是在发现自己不是世界中心的时候；第二次是在发现即使再怎么努力，终究有些事还是会令人无能为力的时候；第三次是在明知道有些事可能会无能为力，但还是会尽力争取的时候。

再说了，比你优秀的人仍在努力，比你差的人还没有放弃，你哪有资格说你无能为力？

3

刘同在微博里曾写道：“我为什么每天都跑步？为什么每天都写点东

西？为什么每天睡前都要看点东西……因为大多数人都没有每天能坚持的东西，所以任何一种坚持都能区分别人和自己。”

是的，总有人在你玩“连连看”时秒杀了一道难题；总有人在你发射“愤怒小鸟”时记了一个单词；总有人在你玩“DOTA”（一款游戏）时看完一章好书；总有人在你八卦时听了一段英语广播……

我们很容易看到别人光鲜亮丽的外在和成绩，却不知它背后的艰辛。而只要我们仔细地观察他们这一路走来所付出的东西，我们就不会去妄言：他们比我们更优秀是因为运气，因为天赋，因为家境……

你想写长篇著作，那你首先要构思一个提纲，每天雷打不动地在电脑前写上几行吧；你想短时间变瘦变美，那你首先得拒绝那些高热量的食物，每天给自己留下锻炼的固定时间吧；你想不为金钱所困，有能力去旅游、去买大别墅，那你也得每日除了机械地工作外，努力提升自己的技能吧。如果最可怕的是比你优秀的人比你更努力，那么最让人泄气的就是，你都没有给自己机会去见一见那个更加优秀的自己。

事实上，比你优秀的人比你还努力这种事，是真真切切地存在着的。这也并不是叫你去和他们较劲，而是让你反省一番：你本可以更努力一点，而你没有。

你要知道，别人之所以比你更强，走在你羡慕和喜欢的领域的前端，只是他们比你更早开始辛苦的旅程，更早地知道时光和努力的意义。

有人不禁要问:“既然经过不懈的努力取得的结果，有时候和别人通过关系取得的结果一样，甚至更差，那努力还有什么意义呢？”那我告诉你，不用不平衡，因为关系给你的只是一个段位，如果你能力不够，随之而来的是焦虑和恐慌。而努力得来的是放之四海皆准的实力，是你最坚实的倚仗。

你青云直上，每一步都脚踏实地；他漫步云端，其实如履薄冰。

10

硬实力不行，才会假情怀泛滥

没有实力，“假情怀”就会枝繁叶茂；

没有行动，堕落就会生根发芽。

时间越长，根就扎得越深，到时候想站起来都是件很困难的事儿。

1

阿力是邻居家的孩子，大学毕业之前，他的家里人就很担心他的工作，因为这个机械专业的大学生，在学校里天天看的是诗歌散文，专业课几乎年年挂科。他自己倒是不着急，逢人就笑脸相迎地说：“怕什么呢，你看人家比尔·盖茨、乔布斯，大学都没毕业，不一样事业有成？”毕业之后，家里人托关系，给他在亲戚的公司里谋了一份差事。可他三天打鱼，两天晒网，亲戚碍着面子也没好意思说他，他自己却天天在朋友圈里吐苦水：“世界那么大，好想去看看。”

有一次，他微信问我："每个人都很有情怀的样子，想去哪里就去哪里，想干吗就干吗。我也很有情怀啊，为什么不能过他们那样的生活？"

我说："因为你实力不行，没钱呗！"

阿力说："啊，我以为是天时、地利不行……"

我说："那些都不是关键，关键是你没钱，还跟情怀赖账。"

见他一脸迷惑，我解释道："明明是你在逃课看闲书去了，却被你包装成了"追求恬淡的生活"；明明是你挂科差点被退学了，却被你表演成了"沿着比尔·盖茨的步伐前进"；明明就是你"又懒又丑工作差"，却被你说成了是"不愿意将就"……

其实我更想说的是，世界那么大，凭什么就给你看？就是因为你实力不行，你想看又看不着，所以才会假装很有情怀。

因为实力不行，你不得不选择无聊而又烦琐的简单工作来谋生；因为懒惰，你又很难接受自己"天天那么累，却没有进步"；又因为虚荣心作怪，你既不想让人看到自己无能，又不愿让人看见自己懒散，于是你只能展现出那"虚伪的情怀"。

你穿着"情怀"的外衣，用这种廉价的精神鸦片来麻痹真实的自我。而掩藏在这件外衣里面的，是你一事无成的耻辱，沉溺现状的焦虑，面对责任的懦弱，认清现实的惶恐，吹弹可破的虚荣，苦心经营的体面……

青年作家艾明雅曾义正词严地批评过"假情怀"的人。她说，二十八岁之后在二线城市就真的不好嫁了吗？不，大龄不是问题。

问题是，大龄，还邋遢，还自卑，还懒，还路人甲，还宅，还天真，还不交际，还抱着小棉布裙不撒手，死活不肯放走清纯，还脾气比胸大，还不肯承认没有完美的人，你的任何一个问题捞出来都比你的年龄问题要严重，就别拿年龄当挡箭牌了。

是的，在这个把“情怀”用滥了的年代，情怀俨然成了无数人在能力、实力等条件上有硬伤而又不愿意通过努力改变现状的人逃避现实的遮羞布。

实际上，没有实力的情怀，就等于自欺欺人。当你给压力、责任、负担这些东西穿上“情怀”的外衣，你就会感到前所未有的舒坦。因为假情怀会把你的不行、不能、没机会都变成了不屑、不值、无所谓。

比起“睡得比狗晚，起得比鸡早，干得比驴多，吃得比猪差”的辛苦，以高姿态“视金钱如粪土”，当然会异常轻松。

比起“修身养性、严格自律”的艰难，以傲娇的语气说“我要活得任性”，当然会非常舒服。

比起“焚膏继晷、废寝忘食”的折磨，以自满的态度说“平平凡凡就是真”，当然会显得尤为与众不同。

可是，在这些轻松、舒服、与众不同的背后，是你对问题的逃避，对虚荣的向往，对努力的排斥，对侥幸的期盼。

于是，你厚着脸皮，对明摆着的无能为力说“我不想要”；对着不学无术的懒散说“我只是不想和别人一样”。

2

在情怀成为“全民偶像”的今天，尤其需要区分情怀的“真伪”。

真正的情怀，绝对不是无能、懦弱或逃避，而应该是实力、勇气和担当。

S 是我的大学同学，因为家境不好，大学四年领了三年的助学金。在毕业聚会上，有人问她的梦想是什么。她说想在大理古镇上拥有一家自己的店铺。我记得当时提问的人笑话她，说一家店铺至少百万以上。她只是尴尬地笑笑。

毕业之后，S 就像消失了一样，直到一年前的一天，她经过我在的城市，约我吃了饭。一见面，我就完全震惊了：当年那个不爱说话、不化妆、不打扮的农家女孩变成了一位干练的商业女性模样。我们聊了很多，就是没聊到工作和梦想。其间，她接了一个电话，我很清晰地听见电话里的人喊她：“某总。”

后来，我们又聊了关于大学里的趣事和曾经共同吐槽过的老师、同学。直到临别时，她才提到了当初那个让她“尴尬”的梦想。她问我：“还记得大学毕业时我的梦想吧？”

我说：“当然记得，大理古镇、自己开店。”

她点了点头，微笑着给我看了一张照片，是一家店铺。她补充了一句：“我的，在大理古镇上。欢迎来玩。”

除了一点点的羡慕，我更多的是佩服。这样一个没有背景的女子，单纯是凭借着自身的努力，就可以拥抱自己的梦想，就可以“名正言顺”地说情怀。

原来，情怀有它自己的激励和奖励机制。

换个说法就是，如果你一想到你的情怀，你能做的只是“忍着脾气等”“够着脖子望”“眼红着瞅别人”“抱怨命运的种种不是”，那这就是假情怀；如果你一想到你的情怀，就有了“切实可行的操作”“清晰可见的方向”“按部就班的规划”“脚踏实地的努力”，这才是真情怀。

所有的真情怀，都是以勤勉努力、踏实进步、及时反省、敢于承担后果等行为表现出来的。扪心自问一下，在你用力挥舞着“情怀”的大旗时，你的内心深处，是真的觉得钱财是身外之物，所以无所谓，还是不敢面对“挣钱很难”的真相？是真的对权力不屑，还是不愿承认自己的平庸？是真的无欲无求，觉得平淡是真，还是基于自身实力有限的无奈？

你连生活自理能力都没有，拿什么过“归隐山林”的生活？你连两位数的加减法都有困难，凭什么说“读书无用”？你连在大马路上问个路都扭扭捏捏、不情不愿，哪来的资格笑话别人活得“浮夸俗气”？

我想说的是，情怀不是你的遮羞布，它根本就遮不住实力不行和懒惰虚荣的真相。更严重的问题是，假情怀还会损耗你对生活的热情，消磨掉你对梦想的激情。

最后你会发现，你一直在努力维系所谓的“自尊心”和“存在感”，其实是自己的无能、懦弱和逃避。

3

我听过这样一个童话故事。

从前，有一只很有礼貌的狐狸，它看到兔子和松鼠也会亲切打招呼。有一天下大雨，没有打伞的兔子和松鼠狼狈地从狐狸门前经过。

狐狸说：“可怜的小家伙们，可惜我只有一把伞，否则我就可以把伞借给你们了。”

没过多久，老虎也冒雨出现在路边，狐狸殷勤地跑过去给老虎撑伞。松鼠看到了不服气地说：“狐狸分明就是瞧不起我们。”兔子说：“不对，因为人家是老虎。”

如果你是兔子或松鼠，就没有必要拿自己跟老虎对比。你不是老虎，自然无法享受人家对老虎的优待。没有什么好委屈和不平的。

实力不行，不仅没资格谈情怀，连愤怒、尊重都没法享有。换句话说，一个人最好的状态，就是让你的本事配得上你的情怀。这时候，你既可以脚踏实地，又可以仰望星空，从容不迫地与岁月相处。

情怀和努力一点儿都不冲突。

三毛曾说过：“我唯一锲而不舍、愿意以自己的生命去努力的，只不过是保守我个人的心怀意念，在我有生之日，做一个真诚的人，不放弃对生活的热爱和执着，在有限的时空里，过无限广大的日子。”

可现实中常常有这样的内心独白：

“我觉得我再努力也就这样了，上自习都熬得不像正常人了，考研没考上就算了吧。当个普通人就很好了啊！”

“我也想出国深造一下，回来怎么都可以算得上是‘海龟’啊。可是还要考GRE、SAT，我看他们没出国的不是也挺好嘛！”

“我也想拼命加班努力升职，可是我妈说女孩子只要稳稳当当就挺好。”

“我也想环游世界，就我，怎么可能嘛！看看搜索频道也挺好！”

可是你想过没有，别人不努力就可以轻松地做个普通人，你可以吗？别人安安稳稳地就能衣食无忧，你可以吗？世界上再高分辨率的地图，也无法替代你去那里走一走啊！

怕就怕，你头天晚上踌躇满志，第二天醒来就忘得一干二净，甚至连早起都困难；说好了要勇往直前，可带了高数、计算机二级辅导、英语六级的书到自习室，到了放学都没碰过；每一年都说要洗心革面、重新做人，可到年底依旧是年年相似。说要培养自己的艺术细胞，学过芭蕾放弃了，学过国画放弃了，学过小提琴放弃了，学过陶艺放弃了，学过素描放弃了……

然后你自我解嘲道：“现在，唯一能坚持的事可能只有活着了。”其实，所有的情怀，都需要以实力做保证，更需要以行动来完成。

没有实力，“假情怀”就会枝繁叶茂；没有行动，堕落就会生根发芽。时间越长，根就扎得越深，到时候想站起来都是件很困难的事儿。

11

自己过得毫无尊严，还对别人的努力嗤之以鼻

这仍然是一个相信汗水的世界，
所有“被看到”的、所有“能发光”的人和物，
都不过是在灰头土脸的日子里，不动声色、全力以赴的结果。

1

我认识一个“85 后”男生，父母都是成功的商人，爷爷据说是部队干部，按理说，像他这样的人，即使天天躺在床上，也能好吃好喝地过一辈子。父母对他的安排是，考个军校，娶个踏实的姑娘，然后安安稳稳的就行。

他不要。选了一个辛苦的销售工作，而且天天在外出差。当然了，免不了挨父母的白眼，后来父母还停了他的信用卡，他爷爷甚至骂他是不肖子孙，说给家人丢了脸。可他依旧坚持走自己想走的那条路。

他说："我每天工作十六个小时以上，就是为了证明我自己，我可以凭借自己的本事，挣很多钱，过得很好。"

一次机缘巧合，他和一位农村姑娘相爱了，这再一次遭到了家人的强烈反对，一度闹到了要断绝父子关系的地步。可结果呢？他还是娶了那姑娘，简单的婚礼、普通的婚房，都是花他自己的钱。

邻居家的孩子们都笑他傻，说好好的"富二代"不做，偏要当个辛苦的打工仔。他反唇相讥道："虽然辛苦，可我做的都是自己想做的事情啊，我可以娶我喜欢的姑娘，你们呢？只能夹着尾巴装乖孙子吧！"

你要明白，尊严来自实力，实力来自拼搏。如果你只是一味地抱怨生活、放弃努力，那你就永远不可能有尊严。

前阵子在网上看到一个帖子，是一个姑娘写的。她说自己在怀孕、坐月子的时候，想要买什么、吃什么，公公婆婆都嫌贵，舍不得给她买。她心里委屈，就到网上问网友要对策。

很多人都同情她，可多数留言都是问："那你为什么不自己买？"她回复说："因为我在家带小孩，没有工作，老公的工作很一般，积蓄也没有，所以很多时候都得靠公公婆婆。"

看到这样的回复，我丝毫没有同情的感觉，因为如果你自己荷包里鼓鼓的，你买个好吃的还需要看别人的脸色吗？

其实最好的策略是，在恋爱之前，让自己变得尽量好看；在结婚之前，让自己变得靠谱；在生孩子之前，要准备足够的可以自由支配的钱；若是受了委屈，那就去挣钱，用自己挣来的钱让别人闭嘴。很多事情，不是你想怎样就怎样，你得先让自己有足够的资本和底气。

我们总是一味地向女孩子强调身体上的自爱，却很少教育她们精神上的自爱。比如不轻易开口向别人进行物质索取，比如想要的东西和想过的生活都要靠自己的努力去争取，而不是坐享其成。因为那些靠摇尾乞怜、以献媚为生的女人，有钱的男人看不起她们，没钱的男人养不起她们，所以不论怎么活，她们总归都会成为别人的负担。

我想对所有女生说，如果你的银行卡里连个奶瓶钱都没有的话，那么你就别奢求什么尊重，尊重得靠自己去挣；我想对所有男生说，如果你不努力，就没资格对姑娘说“爱情至上”，只有不缺钱的人才有底气去要纯粹的爱情。

2

周围的女孩子们开始陆续传来结婚的消息，同事小林却依旧单身。小林是个绝对的美女，不仅学历高，情商也高，还特别能干，可就是一直单身。

有人劝她：“事业差不多就行了，还是多操心找对象的事吧！”还有人问：“财迷心窍了吧？一个月挣这么多，还嫌不够？”

我也调侃过小林：“你不会决定孤独终老吧？”

小林笑了笑，借用了一段流行很广的话回复我："我努力赚钱，不是因为我爱钱，而是这辈子我不想因为钱和谁在一起，也不想因为钱而离开谁。如果问我在爱情和面包之间选择什么，我会说：'你给我爱情就好，面包我自己买。'"

我了解小林，她曾经谈过一次恋爱，却因为对方父母嫌弃她家境平凡而散了伙。

我接着问："不会还没有走出那次恋爱的阴影吧？"

小林白了我一眼："才不是，我是想努力活得有底气。这样呢，我想要什么男人，就可以追什么男人；想不要什么男人，就可以不要。而不是像放在菜市场上的萝卜白菜，等别人来选！"

我问小林："底气是什么？"

她答："可以惯着他，也可以换了他。"

小林的爱情观充满了英雄主义色彩——敢爱，敢不爱，因为她确实有这两下子。

后来有一次，特别巧合的机会，小林因为工作上的事情要和她的前男友讨论，而不巧的是，作为同事的我也得"出席"。

会谈很顺利，完事之后，我问小林："怎么样，以现在的这种身份和他平起平坐的感觉是不是很好？"

小林淡然一笑说："我奋斗了那么多年，可不是为了和他一起坐着喝咖啡哦！"说完，和我碰了下杯子。你看，一个女孩子一旦有了实力做底子，一切"干戈化玉帛"的能力，仿佛都在自己的掌控之中。

曾有人说过一段特别经典的话：“我爱钱，爱那种来路清白、干干净净的钞票，带有一点踏实的辛苦味道，可以让我在和男人约会时，一把抢过账单，潇洒地说‘我来付’；可以让我在伤心难过的时候，去最贵的餐馆大吃一顿，不必对着菜单上的价格斤斤计较；也可以让我在失恋后，依旧住得起两室一厅的房子。”

是啊，买得起自己喜欢的东西，去得了自己想去的地方，不会因为身边人的来或走降低生活的质量，反而会因为花自己的钱而显得更有底气一些，这就是每个人都应该努力的原因。

感情这件事，不是倾尽所有就会有好结局，因为它并不奉行“天道酬勤”的游戏规则；但工作不一样，只要你是真的努力了，并且朝着正确的方向坚持下去，它一定不会辜负你。

我更想说的是：这仍然是一个相信汗水的世界，所有“被看到”的、所有“能发光”的人和物，都不过是在灰头土脸的日子里，不动声色、全力以赴的结果。

3

我问过一个“白富美”姑娘为什么要努力挣钱，她说不是每个男人都配让她花他的钱。

我问过一个“高富帅”朋友为什么还要健身，他说是为了跟那些插队的“二货”讲没用的道理。

原来，只有当你既努力又有实力的时候，你才能活得更有尊严。

如果有人问你，“你为什么还不恋爱，还不结婚，还不生孩子”；当有人替你担心，“你就不怕孤独终老，还老无所依吗”；当有人建议你，“你对象人品是有点儿问题，可也都是小问题，忍忍就过去了，至于分手吗”，你可以自信地回答他们：“关你什么事，我能养活我自己！”

只有当你有了财务上的自由，才能有选择上的自由，也才会有人格上的自由。所以那些不努力、混日子的人，被人念叨、被人指责、被人歧视，纯属活该。

关键是，家境好的人，有爸妈铺好华丽的金砖大道；相貌好的人，会有恋人鞍前马后尽献殷勤；运气好的人，会有贵人相助而平步青云。而你什么都没有，没什么家庭背景，没遇到贵人，也没读什么好学校，你没有实力又想要尊严，那么除了努力，你别无他选。

既然已经这样，你低眉顺眼给谁看？你自怜自卑给谁瞧？反正这个世界是没有办法被“空谈、空想”讨好的。

尊严这种东西，塞进荷包里，买不了东西，放在货架上卖，也值不了几个钱，但那却是每个人值得拥有的东西。尊严有时是和欲望成反比的，如果你想得到一个东西，你就会变得低三下四、死皮赖脸，而当你对眼前的人和物无动于衷的时候，尊严就会在你的心中拔地而起。

你看，当你有了足够的内涵和物质做后盾，整个人生就会变得底气十足。

12

你以为是重在参与，但总有人在偷偷使劲

千万不要相信旁人对你说“结果不重要”这种话，
因为你一旦真的搞砸了，
批评、嘲讽、蔑视，会源源不断地朝你袭来。

1

涛被大家戏称为“三太子”，因为他拼命挣钱的架势，就像是长了六条胳膊的哪吒。

涛比我大一岁，有着我羡慕的成熟、冷静和自信。但熟悉涛的人都知道，刚上大学时他无比自卑，甚至可以说是绝望的。那时候，他爸爸败光了家财，而且还欠了很多债，多到亲朋好友都不敢再和他有往来的地步。为了上大学，涛的妈妈硬着头皮求了娘家人，这才凑齐了学费。在大学里，涛既要保证优异的成绩，以期获得最高的奖学金，还需要兼很多份职，以承担自己的生活费。

那时候的涛，连生病都不敢。也正因为如此，“国家奖学金”“优秀大学生”等好事接踵而至，他还被学校保送，去美国公费学习了一年。再后来，涛又被教授举荐成了某大公司老总的得力干将。

你看，人生中那些最凶猛的好运气，最初出现在你面前的时候，往往是一副穷凶极恶、青面獠牙的模样。它让你觉得全世界都在跟你作对，全人类都在拼命地愚弄你。但实际上呢，那或许是惊天逆转的开始。

我曾问涛：“很多人都有绝望的时候，他们有的说熬，有的说挺，你呢，你是怎么过来的？”

他想了一下，平静地说：“我是盯着结果过来的。比如说奖学金，我就很看重它的分量，因为它至少可以让我少做两份兼职；比如说被教授举荐的机会，我就看中这次机会的意义，因为它可能彻底改变我的人生。所以我会比别人更拼命地去争取。当然也有不如人意的时候，但我的策略是，在尘埃落定之前，奋力一搏。”

我又问：“那你是觉得结果比过程重要了？”

他语气坚定地说：“当然是！你看大家只知道是爱迪生发明了灯泡，但谁记得很多前人们做出的贡献？”

在我们身边，有多少人是在考试前一个月心想“争取第一”，在考试前一星期变成了“努力就好”，最后在考完过后自我安慰说“重在参与”？有多少人，在初入职场的时候胸怀大志，在工作期间默默无闻，最后变成了碌碌无为？

这些人有一个共同的特点，他们都相信同一种论调："只要过程努力了，结果并不重要。"这样的人，看似不在意结局、成败，他们总觉得自己输得起。可实际上，是他们不作为、不努力，然后自我催眠，说一切现状都是正常合理的。等到青春所剩无几的时候，他们又开始忐忑不安起来，开始害怕来不及去过自己想要的生活。

一旦当你人为地降低了结局的重要性，你就会比别人少一份努力。你以为没差多少，可正是这看似不多的区别，会造就两种完全不同的人生。

更要命的是，没尽全力的努力，意味着你既不能随心所欲地玩耍，又要对未来提心吊胆，纯粹是吃力不讨好的事。

世上只有成功了的人才有资格说结局不重要。如果你无法呈现出一个让人满意的结果，那么，无论你如何强调过程中多么辛苦、多么努力，都不会有人同情你。任何事，唯有把它做完了，才能显示出你做得有多好。

试想一下，如果你是一个设计，你说你为了完成这个策划案，已经一个礼拜没回家，已经四十八小时没合眼，那么老板会因为你已经很辛苦而放过你吗？还是觉得你能力不行而怀疑你呢？

如果你是一个写作者，你说你为了一个句子而绞尽脑汁，以求让文章以你最满意的样子呈现，这有什么意义呢？你感受到的煎熬的过程，读者是不会在意的。就像你去买西红柿，你只会在乎它的外观和口味，才不管它是如何栉风沐雨长出来的。你的挑选和评论会很苛刻，因为你只在乎吃得爽不爽。

千万不要相信旁人对你说“结果不重要”这种话，因为你一旦真的搞砸了，批评、嘲讽、蔑视，会源源不断地朝你袭来。

2

别人在熬夜学习的时候，你躺在被窝里玩手机，我问你怎么不去看书，因为考研已经迫在眉睫了。你用被子捂住脑袋，低沉地回了一句：“今年考不上，明年再考呗，考试不就是重在参与？”

别人为了找工作，努力准备各种证书，做简历，总结实践成果，你在认真地看连续剧，我问你怎么不出去试试，因为你身边的人都找到了不错的工作。你被剧情感动得泪眼模糊，哽咽着回了一句：“这次没赶上，下次再去，面试不就是重在参与？”

别人加班、吃泡面，工作没完成的时候折腾到一两点，你心安理得地把工作留到第二天，吃得好、睡得好，效率比别人差了不知道多少，我问你怎么不加把劲，因为领导正准备提拔一两个人。你专心致志地刷着朋友圈，回了一句：“今年选不上，明年再选呗，评优不就是重在参与？”

一定有人曾经跟你说过这句话，他们志在参与，他们不要求自己付出多少，他们只想看看到底发生什么事以及会发生什么事，他们想当个局内人，但是又不愿投入太多，于是抱着重在参与的心态，来当奇迹的见证者，而不是创造者。

我好奇的是，“重在参与”不是那些已经成功了、已经竭尽全力了的人才有资格说的话吗？什么时候变成了不作为、不努力的借口？

请醒醒吧，在这个充满竞争的世界里，比赛从来都是强者的游戏，只有弱者才整天把“重在参与”挂在嘴边。

重在参与的人，大部分从来没有想过完全投入一件事。他们是“差不多”先生或“来得及”小姐，总是觉得参与过就好、有经历过就好，他们觉得时间有的是，任何想要的东西都会自然而然地来到。他们以“分享别人的荣耀”为乐，却忘了自己一无所获。

这倒也验证了纪伯伦的那句话：“对安逸的欲望扼杀了灵魂的激情，而这种浅薄的欲望还在梦想的葬礼上咧嘴大笑。”

很多时候，正是因为你的要求太低、欲望太浅，或者语气太温顺，所以命运才索性什么都不给你，结果你一无所有。

人生不能抱着重在参与的心态去敷衍，而是应该抱着竭尽全力的心态去拼。如果自己喜欢某件事，就百分之百投入，否则就不要轻易答应别人，也不要轻易答应自己只会付出一点点、只会做一半的事，因为这样既无法与别人好好合作，又浪费了自己的时间。

重在参与的心态会毁了你的热情，还会抹杀你的努力。它让你既配不上自己的野心，也辜负了所受的苦难。

那么你呢，有多少人提醒你说“重在参与”？你乒乓球比赛没进决赛，他安慰你说“不要紧，重在参与”；你辩论赛第一轮就出局了，他对你说“没关系，重在参与”；你送去参赛的照片被退回来了，他安慰你说“被退回来的很多，重在参与嘛”……也许说这句话的人是在关心你，但实际上已经伤害到你了。

因为他没有看见你的渴望、你的努力、你的用心。他是在你失败的时候，给了一句看似鼓励的“重在参与”，却忘了这参与里有多少浓烈的渴望。我想提醒你的是，那些安慰你说“重在参与”的人，实际上根本不对你的人生负责。也许就在他说完这句话之后，他正偷偷使劲呢！

3

前阵子，我和公司的一个姑娘聊天。她突然对我说：“我在这个公司里，没有一点儿存在感。”

我问她：“这种想法怎么来的？”

她说：“上个星期我请了病假，有三天没来上班，回来之后，大家也没谁问我一句，好像我上不上班，也没人知道一样。我要是离开这里，不到半个月，就会被忘得一干二净了。”

确实，她是那种不爱说话、不太漂亮的姑娘，办事马马虎虎，接人待物也是不咸不淡的。

我对她说：“存在感不是你每天和大家打了几次照面刷出来的，而在于你的出现有没有价值！大家在微信群里聊聚餐的事儿，你一声不吭地看着，看了半天发了几个表情图像出去，以示自己在看，你让人怎么接你的话，又如何能给你存在感？大家在会议上争相提建议，你闷声坐在一边，听了半天也还是面无表情，然后再跟着大伙鼓鼓掌，以示自己在听，你让别人如何了解你的想法？你在所有能够展现你价值的时候，都给人一种‘重在参与’的姿态，那你说这事儿怪谁？”

决定存在感的，从来都不是你那没意义的喧嚣和参与，而是你的能力，你被人需要的实力。

大多数的失望难过，不是因为你真正丢失了什么，而是感觉自己不被重视。为什么别人一张嘴就能得到大家的附和？为什么别人发一条朋友圈就能获得满满的赞和满屏的评论？即便是无聊的一句“今天喝水塞牙了”，也会被点赞无数？而你，即便是期待别人安慰而发的朋友圈，也犹如石沉大海、无人问津。

你困惑不已，为什么会这样呢？为什么就刷不出存在感，明明自己给别人点了无数的赞，而到自己这里什么都没有？你甚至开始怀疑自己的世界：“我周围的人都怎么啦？他们都不关注我吗？没人关心我了吗？是我哪里不对吗？大家对我有意见吗？大家不喜欢我吗？”

不是的，存在感不是你参与了就会有的，它的本质是：你不争，也依然有你的位置。它也不是别人赐予的，而是靠品性、实力、气场去赢得的。

因为不被重视而觉得失落、难过、委屈、不公，归根结底还是因为你不值得被高期望，不值得被更认真对待。所以，渴求重视的最好方式就是经营你自己，而非仅仅是参与。

如果每次任务你都把自己定义为一个被动者，一个需要别人指示、动员、催促的人，那么你活该被轻视。如果每次聚会你都是被通知、被安排，那么你活该坐在聚会的角落里发霉。

既然你只是以配角的心态出场，又凭什么能享受到主角的待遇？既然你没有主动的姿态，又何来生动的演绎？

请记住，“你在现场”并不代表聚光灯会打在你身上，只有把现场变成“你的主场”，你才会成为瞩目的焦点。

每一个偷懒的时刻，都是现在的你在给未来的你挖坑；

每一个想努力的念头，都是未来的你在向现在的你求救。

13

收起你的玻璃心，碎给谁看呢

玻璃心是病，

它生在一个人内心的禁区上，

别人一个不留神，它就血流成河了。

1

H每天都很晚睡觉，一个朋友不知道从哪里听来的消息，就打电话问他："像树懒这么懒的家伙都没有灭绝，你多睡一会儿怕什么？"

H回答他："我忙呗……我……"

还没等H说完，这个朋友就没好气地插了一句："啧啧啧，就你忙了，日理万机了呗。"

H本来想解释几句的，比如他的工作计划、生活习惯之类的，可还没来得及开口，那边电话就挂掉了。

你看，对于那种天天遛狗、晒太阳过日子的人而言，"忙"真是他高攀不起的奢侈生活……

K也跟我说了一件类似的事情，那时候他才初中，因为成绩很好，所以回答老师的提问、参加文娱活动的时候，K都很积极。可总有那么个人，尤其厌恶他。比如学校举行庆典晚会，K就很主动地报名要去参加跳舞，这人就悻悻地说："就你爱显摆呗，想出名想疯了吧？"如果谁有数学题不会做，但凡是向K请教的，K总是会详尽地给别人做演示，这人就说："就你聪明呗？"考试成绩发布的时候，排名第一的K要是一不小心露了笑脸，这人肯定会说："至于那么开心吗？"

有时候，遇见笨蛋、白痴都不可怕，可怕的是遇见玻璃心的人。自己不行，还心里阴暗，阴暗到接受不了周围的人出色。自己躺在尘埃里，一动不动，还希望把身边的人都摁倒在地上，陪他一起低到尘埃里。

我们的身边，总是有那么一两个玻璃心人，一碰就会碎。比如在你忙得昏天暗地的时候，他来请你帮忙："给我朋友圈点个赞呗""帮我转发一下呗"……你若是忙得没时间点赞或者转发，等你忙完了再去回复他的时候，你可能得到的信息是："×××开启了好友模式……"

是的，你被拉黑了。

对于玻璃心来说，"任何情况下的不回复"都是一种绝交行为。

比如你拉几个好友聚会的时候，你肯定会和其中一两个聊得多一些，坐得近一些。这时候他要是和你聊几句，如果没能插上话，等你和别人聊完了再找他聊天时，他肯定是一副爱理不理的样子。

对于玻璃心来说，如果别人不是“极度重视自己”，就是“极度不在意自己”。你的一个表情、一句“来不及”的回复都像是打在他胸口上的“寒冰掌”！

还有一种玻璃心是，在帮别人的忙时，比服务自己更加谨慎，甚至觉得是本分，自己却从不敢麻烦别人。这类人逐渐演绎成靠帮助别人来维持友谊，随时担心感情崩溃。

只是他不明白的是，人和人之间想要保持长久舒适的关系，靠的是共性和吸引，而不是捆绑、奉承和一味地付出以及道德式的自我感动。

玻璃心是病，它生在一个人内心的禁区上，别人一个不留神，它就血流成河了。

但试问一下，在这世上，能整天捧着你的玻璃心，小心翼翼地尽量不去伤害的，除了你自己，还能有谁呢？不是有人说过，活在这世上，无非是笑笑别人，然后再让别人笑笑自己。

我掰着手指数了一下，但还是没数清楚，到底有多少玻璃心的天才是死在被人吐了两句槽就跳脚的路上。

2

一天，Q给我发了一条微信，说自己快被气死了。我问明缘由，才发现“玻璃心”又是罪魁祸首。

事情是这样的，Q是位年轻的美容达人，经常在朋友圈里发一些皮肤护理方面的文章，久而久之，会有很多人特意去咨询她相关的问题，阿珠就是其中一位。

有一次，阿珠想换一套护肤品，就让Q为她推荐一款。Q觉得阿珠的肤质不错，而且很年轻，就推荐了一款基础的产品。

没过几天，阿珠突然找Q聊天，原因是Q在朋友圈里晒了一张高级护肤品的图片。

阿珠问：“我查了一下你现在用的那个护肤品，比你给我推荐的那款好多了，你为什么不给我推荐这一款？”

Q回答说：“这款是我男朋友送给我的生日礼物，平时不会用这个的，这种适合三十多岁的人，而且价格太贵了。”

阿珠说：“那是怕我买不起吗？”

Q解释说：“真不是，觉得它不太适合我们这个年纪，没必要花这个钱。”

阿珠说：“就你用得起，就你有男朋友，就你有必要了？”

Q把敲好的“我男朋友不懂这个，他以为贵的就是好的”发过去的时候，发现弹出来了“×××开启了好友模式……”，是的，Q被拉黑了。

你看，敏感的人容易自以为是，以为全世界都在盯着自己，在故意针对自己，所以他们让自己活得疲倦，活得做作。跟这样的人相处很辛苦，他们敏感又脆弱，一碰就有裂痕，风吹过都要着凉。

我还听过这么一个故事。一位年轻人陪同领导外出开会，在领导和别人谈话时一不小心打了个喷嚏。他惊慌失措，赶紧向领导赔礼道歉，领导根本没放在心上，说没事，接着谈话。

这位年轻人左想右想，觉得不行，“一定是领导不好意思发脾气，我应该把唾沫星子擦掉，请求他的原谅”。于是年轻人掏出纸巾，再次道歉，领导谈话被打断了，这次开始有点愠色。

“看来领导是真的生气了啊，他不原谅我，我还是过不去这道坎啊。”于是他再次打断领导对话，诚恳万分地道歉，请求领导一定一定要原谅他。

结果可想而知，领导大发雷霆，他灰溜溜地被调开了。

一个人可以逃避世间的一切魔鬼，但唯有一个是他永远无法摆脱的，那就是敏感的自己。

敏感的人易缺乏安全感，且过分自卑，尤其怕自己的言行举止惹得他人不愉快，其实往往不愉快的人都是自己。

当你时时刻刻担心着身边的一切，目不转睛地窥探着别人的世界，所有的敏感点都交织在心头，受伤了就窝在自己的世界里，却口口声声地为自己的玻璃心做狡辩，这不叫青春，这叫懦弱。

普希金曾说：“敏感并不是智慧的证明，傻瓜甚至疯子有时也会格外敏感。”

我想对你说的是，不要像个故意生气的孩子一样，时时刻刻期待别人照顾你的情绪。小心有一天，到了你自己也烦你自己的时候，你的人生就真的完蛋了。

其实，每个人都有过玻璃心，晶莹易碎。后来，成长和经历总会把它锻造成防弹玻璃心。这样也好，晶莹依旧，阳光依旧，在枪林弹雨的生活中看清生活，却不被生活所迫。

3

玻璃心的根源是什么？是你弱。

有个刚入职的姑娘跟我说，进了公司才知道，根本就没有自己的座位，去了就被安排在打印机旁边，和一堆废纸坐在一起……

有个工作了三个月的男生跟我说，现在的职场哪需要努力，完全靠关系就够了……

朋友五岁的儿子回来跟他抱怨说，在小伙伴家里玩耍的有四五个人，可那家大人给他的零食是所有小伙伴中最少的……

我特别理解职场新人的玻璃心，也特别明白他们为何总会强调“尊重”这个词。但实际上，那些你想要的尊重，是当你面向社会的时候，留给自己的最后一块遮羞布，而现实总是会展现它最残酷的一面——将它彻底撕掉。你要知道，尊重不是别人给的，是需要自己去挣！

尊重和正能量一样，都是自己给自己的。那些每天都像打了鸡血的人，不是他们天生和别人不一样，只是因为他们一直用一颗求知和求新的心去活着。

做人不能玻璃心，玻璃心是没有未来的。过分脆弱的情绪，怎么有资格出席生命的狂欢?

我特别理解一个人看到了不公平现象之后的沮丧，但我更想说的是，一个没有能力的草包通过关系获取了一个职位，仅靠关系就可以生存下去吗?光是他背后的口水就可以把人淹死。

我更能理解一个小孩子的不惑:“为什么大家看起来差不多，受到的待遇却完全不同?”我希望他明白的是，有时候，被忽视并不是你的错，而是人们习惯了只看到强者。

这里的“强”既可能是自身实力，也有可能是家世背景、社会资源，甚至是世人眼中可以用来攀比的一切。

不可否认的是，人脉和资源确实很有用。比如成绩好的可以在靠前排的位置学习，有关系的可以获得更多入职或升职的机会，长得漂亮的可能更受欢迎，家庭富裕的可以更从容地创业和生活……

但换个角度问一下自己，如果你有这样的资源或优势，难道你就不会利用了吗?与其把眼睛盯在这些不公平的表象上，不如认真地走好自己脚下的路。

当你的兜里什么都没有的时候，不要总惦记着别人口袋里的那点东西，你最应该做的，是赶紧动员自己去努力赢取。别人通过关系获取的机会，你也可以通过自己的努力得到，到时候，你可能更加理直气壮。

一个人最丑陋的样子莫过于一边痛恨所谓的不公平，一边又安于现状，像一条晒干了的咸鱼。

很多时候，正是因为你什么都没有，所以才会更渴望遇到一个正直温和的领导，一个和谐温暖的环境，一份得心应手的工作，一个相对公平的待遇。你以为自己要的并不多，而现实总是再三地告诉你：“如果你就这么一点儿实力，那么这些就是奢望！”

如果你觉得自己受到了不公的待遇，你可以退出游戏，到你认为公平的地方去。如果你走到哪里都觉得不公，多半是你自己的问题。

在不够强大的时候，烦请你收起你的玻璃心吧，碎给谁看呢？

14

就怕你懒，还把懒当时尚

如果你不肯努力，又不肯冒险，
你就永远没资格对这个世界指手画脚，
就永远不要觉得这个世界欠你什么。

1

表弟是个“95后”，从小在姑姑的溺爱下长大，大毛病没有，小毛病一堆，其中最突出的就是“懒”。

懒得收拾、懒得学习，甚至是谈恋爱、交朋友，都懒。懒且不说，他明知道自己很懒，还懒得理直气壮，并常常以此为荣。

有一天，我问他：“大学快毕业了，最大的收获是什么？”

他陷进沙发里面的身体动了动，慢慢悠悠地飘来了一句：“迷茫和懒啊，迷茫是青春的标配，懒是青春的代名词。估计再没别的了。”

在一旁收拾桌子的姑姑一听急了，瞪着他问："这都什么乱七八糟的观点？"

表弟保持着不变的姿态和声调说："大家都这样啊，网上不也说了，你夜都不敢熬，床都不敢赖，课也不敢逃，懒都不敢偷，还好意思说自己是年轻人吗？"

相信表弟代表了很大一批年轻人的心理状态：不仅懒，还以懒为荣。于是你可以在朋友圈、微博中看到类似于这样的言论："美好的一天，从赖床开始。""一天从中午开始，早饭从午饭开始。""三十双袜子都用了一遍，懒癌已到晚期！""领导明天就要结果了，今天晚上得抱个佛脚。病友们，一起嗨！"诸如此类，不胜枚举。

一时间，似乎所有人都觉得懒是一种时尚，一种可以引以为傲的时尚标签。那语气，那傲娇劲儿，就像是开上了宇宙飞船，飞出了银河系。

绝大多数人都很懒，而且也很容易被"懒"击倒在地，甚至把懒当作"时尚、年轻"的标签，以此来与老年人划清界限。于是，一旦有人抛出了一种"懒"的言论，便会马上引来大家的认同，似乎一下子找到了组织一样。

前一阵子，在各个大学的论坛里，一个名为"不到最后一刻绝不复习"的帖子异常火爆，内容是一些无厘头的句子配上"红色年代"的图片。让很多人转发或评论的原因，就在于其中有这样的观点："只要胆子大，天天寒暑假""人有多大胆，复习拖多晚""努力不一定成功，但不努力一定很轻松"……

当然了，有很多人是当作玩笑来转发的，但想必还有很多人是认同的。

在学校的时候，你星期一把决心计划都列得完美，可还只是说说而已；星期二觉得自己昨天什么事都没干，今天要好好补回来，可还是懒；星期三到星期五又浑浑噩噩地过了；等到了周末，你再次想把一星期没做的事都补上时，却又把宝贵的周末都献给了电脑和逛街。星期日晚上你才知道，自己一个星期都一事无成……

毕业之后，你整天说跑步，说锻炼身体，却又经常给自己找理由——“平时那么忙，没时间。”“好容易到了周末，不是应该休息吗？”你还整天说要读书、要充电，以此来升职加薪，可是一本本的专业书买过来，你什么时候认真去看了？

我猜，这时候我要是说你一句“懒猪”，你兴许还会觉得自己很可爱吧！

在青春的掩护下，颓废看似是个性，懒惰是反抗，空虚是性感，可是当青春不再时，岁月就露出了原形，于是颓废成了堕落，懒惰变成了罪恶，空虚成了耻辱。如果你不肯努力，又不肯冒险，你就永远没资格对这个世界指手画脚，就永远不要觉得这个世界欠你什么。

2

管理学上有个备受关注的词语，叫“懒蚂蚁效应”，曾一度引起了懒人们的热捧。

简单来说，“懒蚂蚁”是一个公司、团队里面的核心人才，他们有超出常人的远见和技能，主要表现是懒于杂务而勤于动脑。

需要说明的是，“懒蚂蚁”型人才其实是很小的一部分，而且是有技术、有能力、有远见的那一部分。如果你只是个新来的，或者还在某个基层岗位上打拼，或者本事还没到出类拔萃的地步，建议你还是不要以“懒蚂蚁”来给自己脸上贴金了。

不比能力，那么来说努力吧。作为NBA历史上最成功的运动员之一，曾有记者问过科比:“你这么成功，是因为天赋吗？”

科比反问记者:“你知道洛杉矶凌晨四点的样子吗？”记者摇摇头。

科比:“我知道每一天凌晨四点洛杉矶的样子”。

那么你呢，张嘴闭嘴就自称是“懒癌晚期”，朋友圈里隔三岔五地“炫耀”自己抑郁、拖延、失眠……有意义吗？

实际上，你的抑郁症是矫情，你的拖延症是懒，你的强迫症是闲的，你的失眠是根本不困！

如果说，天赋决定了你能达到的上限，努力程度则决定了你会沦陷的下限。可笑的是，以绝大多数人的努力程度之低，远远没有达到要去拼天赋的地步。

更为可笑的是，你还装作很懒，以期让自己显得很合群；又或者，你确实没有装，却也没什么更好、更重要的事情要去做，你那空洞乏味的青春，最后不得不靠“看似流行的懒”来遮掩。

每个人都向往安逸，安逸对年轻人而言却可能是一个陷阱。某一天，你会发现，你想过的安逸生活其实是一条下坡路，你要求那么低，却还是没有办法维持它的水准，因为你懒。

成长是一场近乎惨烈的淘汰赛，它绝对公平，评判胜负的标准就是努力程度。在拥挤的人潮中，你不向前，就只有退后。

试想一下，为什么那个走上领导岗位的人是别人，而不是你？为什么那个领着高薪、工作惬意的人是别人，而不是你？为什么坐头等舱、开好车的人是别人，而不是你？

答案其实特别简单，因为他们已经是这场比赛的优胜者，早早地跑到了你的前面，而你，还在踩着自己的影子，在那自作多情地诗意漫步。

3

懒癌晚期的你，为什么要活得像一尊被射灯聚焦的雕像，难道是以为一动不动就可以赢得掌声？

仔细想想，你这样的人是最容易被别人遗忘的吧。兴趣爱好自己都弄不清楚，前程理想也似是而非，忧心忡忡想尝试的东西太多，又不知道从哪里下手较好，于是任凭时光匆匆，最后一事无成……

这样的人，就算是有人愿意再去回忆里找你，也怕是一点儿线索都找不到吧？

总嚷着要找个对象，却从不主动出击；没喜欢的人，也懒得接受别人的追求；稍微付出一点儿努力，就会觉得自己牛气冲天；结果不如人意，马上就变得怨气冲天。

这样的你，哪有底气和胸怀来和成功相拥呢？人难免天生有自怜的情绪，唯有时刻保持清醒，才能看清路在哪里，才能知道该怎么迈出脚。要知道，所谓的天赋，不过是你之前努力的结果啊！

谁都知道偷懒很舒服，也知道混吃等死地过日子很轻松。那么，请你趁着年轻，就大胆去懒，继续去混吃等死吧。反正，等你七老八十的时候，当别人都在端着茶杯、拿着报纸晒太阳的时候，你可能就在不远的地方，为着生计奔波呢！

那时候，估计你就能感觉到脸颊隐隐发热，因为时光终会给懒人一记响亮的耳光。

归根结底，生命是你的，你只能对自己负责，纵使再亲近的人，也无计可施。

向前、向上的路通常是难走的，但你也只能独行。你会无数次想到退缩，无数次受到打击，你像去鹰群里抢食的小鸡，每一天都惶恐不安，害怕被吃掉，日子一天天过去，终于有一天，你发现自己变成了鹰。

15

逞强很累，但是不强更累

只要你愿意努力，
那么你人生最坏的结果，
也不过是大器晚成。

1

发小阿蒂是个从小就很乖的男孩，大学毕业之后，就留在了城里工作，已经有两三年了。

春节的时候我见到了阿蒂，他还是一如既往地微笑着跟人聊天，可神色里有一点点阴郁。

我问他生活近况，他说："工作马马虎虎，可回家看着爸妈老了很多，心里着急。自己一直在外地，没有时间陪他们，一年到头就过年回来一趟，觉得很对不住他们。"

我说："做父母的心思你也懂，他们希望你过得好，就心满意足了。"

阿蒂看了一眼在厨房忙碌的父母，小声地对我说："现在好想返回老家，陪在父母身边，再低工资的工作也好过在大城市里面背井离乡。"

我摇了摇头，很认真地对他说："虽然留在家乡有很多好处，陪着父母亲朋不会孤单，可是，如果你真心想让父母安心，那就应该努力让他们觉得骄傲啊，这才是现在这个年纪给父母最好的报答。"

阿蒂叹了一口气说："可是真的好难啊，假装在城市里过得好，假装工作顺利，假装以后有很好的升职空间……假装得好累啊！"

我说："那你可以试想一下，现在的你，回到家乡，做着味同嚼蜡的工作，然后随便混混着过日子，然后你以最轻松的方式上班和生活……结果是，等到五年的分水岭出来的时候，当你看到身边的朋友都事业有成的时候，当你望着直线上升的房价，望着手头上鸡肋般的工作、无力感难以阻挡的时候，你就会发现，逞强很累，但不强只会更累！

"再有，当你以一个贫穷、平庸的姿态陪在父母身边，难道就是孝顺，难道就会让父母感到开心吗？"

阿蒂点了点头说："你说得很对，可是难免还是会质疑自己，看到他们数着日子等我回来，数着日子送我离开，真的挺难过的。"

我拍了拍阿蒂的肩膀，笑着说："不论你是因为要陪着父母想回家，还是因为怕辛苦要回家，我都希望你能坚持住。电影《东邪西毒》里有句台词：'遇到这么点事就想回去的话，那干吗当初你要出来？'再说了，在大城市里，尤其方便我们报喜不报忧嘛！"

其实，我更想说的是，那个独自一人在大城市里打拼、承受着孤独和委屈、能够格外努力的你，在多年后，会变得更坚强，你的世界会变得更大，视野会更广。对你而言，努力就是最好的天赋，就是最硬的后台。

你应该明白，经历任何一次的挫折，品尝任何时刻的孤独，做好任何一件小事，都需要付出比别人更多的努力，更需要坚持和耐心。

你比任何人都惜时惜命，也更骄傲和逞强，所以你才有资格享受拼命、尽兴后的人生礼遇。

你不能无所事事地坐等命运替你安排好一切，再赐予你一个美好人生，你必须自己去努力争取。

2

你上学的时候，是敷衍度日，勉强毕业，还是争分夺秒，专业、社交，哪项都不能落下？

毕业前夕，你是选择虽然辛苦却自己喜欢的工作，赌一个也许更好但不确定的未来，还是随便找一份工作，平淡安稳，聊以度日？

工作数年，当新鲜劲散去，你是坚持不懈，再上新台阶，还是回到家乡，做一个清闲的人，然后享受岁月静好？

积极向上的人当然会说，不必太要强，轻轻松松的不也挺好吗？

但试问一下，落入平凡的不强大、不优秀，就会真的过得好一些吗？

在大家都说工作难找的时候，为什么总有一些人有一大堆的机会可以自由选择？

在大家都说钱不好挣的时候，为什么总有一些人有一大堆赚钱的项目和方法？

在大家都说职场黑暗、升职不易的时候，为什么总有一些人可以平步青云？

是的，你忘记了他们在学校里是如何夜以继日的，忘记了他们经历了多少社会活动的锻炼和麻烦，忘记了他们在实习期间吃了多少苦头和委屈。

而当他们在拼命为这一切努力的时候，你可能正睡眼蒙眬地在一旁看着，可能还曾经轻视地撇撇嘴说："别太要强了，你看你多累啊。"

但是，当他们轻松地在一堆职位里挑挑拣拣的时候，其实轮到你累的时候到来了。当他们在职场上风生水起的时候，也许你正在如履薄冰呢！当他们赚得盆满钵满的时候，也许你在嘀咕自己薪资太低，上升空间有限呢！

你说，不强，是不是更累？

当你不够强时，你发的一切飙和牢骚，你落的任何眼泪和汗水，在别人看来都只是个笑话。

敷衍是很容易的。更可怕的规律是，当一个人越不顺利的时候，就越容易敷衍。那么，命运赏赐给你的，只会是挫败，只会是惊吓。

因为如果连你都在敷衍自己，连你都不慎重地对待自己和自己的未来，又凭什么指望别人慎重地对待你呢？凭什么来要求命运善待你呢？

其实，一个人是很难发现自己有多强大的，直到有一天，你发现你身边的支点都倒下了，而你却始终没有倒下。

如果你懒惰、拖延，那么以后你就要付出更多。相反，你变得勤快了，优秀了，你身边的环境也会跟着优化。

退一万步说，只要你愿意努力，那么你人生最坏的结果，也不过是大器晚成。

3

变强辛苦吗？答案是肯定的。但是因为强大了，你才可以选择你想做的事，去你想去的地方，过你想要的生活。

强大，意味着你在一个团队里有优先的选择权，在职业生涯里，你可以尽可能走那些有效的路，而那些暂时看上去不累的工作，到最后失去的却是最重要的——选择的权力。

强大，意味着你在同样的人生里有更多的自主权，在生活中，你可以尽可能选择自己喜欢的东西和生活方式，而那些暂时过得轻松、舒适的人，到后来失去的却是最珍贵的——自由。

很多人都听过这样的故事：

一位年轻的渔夫在海边悠闲地晒着太阳。一个富翁走过来说："大好青春在这里晒太阳，多浪费啊，为什么不去好好奋斗呢？"

渔夫："奋斗了会怎么样呢？"

富翁："会有很多很多的钱。"

渔夫："有钱又如何呢？"

富翁："就能去世界各地旅游，在那些美丽的海滩晒太阳啊。"

渔夫："我现在不就已经可以在海边晒太阳了吗？"

这个故事毒害了不少人，很多人觉得，我要做这个渔夫，不用拼命追求金钱和财富，现在就过得跟富翁一样。

可实际上，渔夫跟富翁真的是一样的吗？表面上看，渔夫和富翁一样，可以躺在沙滩上晒太阳。但实际的情况呢？渔夫为了养家糊口，每天一定要下海去捕鱼，没有一天可以例外。他要为天气担心，为生计担心，为身体健康担心。反观富翁呢？因为他以前的努力，他拥有足够多的自由。他既可以下海捕鱼，也可以躺在沙滩上晒太阳。他不怕台风和大雨，也不怕年老体衰，他可以随时追求自己热爱的事业。这才是真正的自由。

其实，年轻时候的自由，不是指随时随地可以出去旅游，不是要上班不受领导约束，而是在每一次你想要改变、想要尝试一种不同的生活，想要再往前走一步的时候，你永远都有选择的权力和能力。

每一个时刻，你都还想要有选择，有条件、有勇气、有能力选择自己想要的，而不是只能被动地等。这才叫自由。

一个人不够好时，才会那么依赖其他人；不够清醒时，才会信任所有耀眼的外衣；不够强大时，才会浪费时光去迎合别人。

那么，不如就利用孤单一人的时间使自己变得更强，给未来要遇见的人一个惊喜，给自己的青春一个交代。

16

没有功劳，凭什么谈苦劳

功劳的构成，无非是任务完成的“数量”和“质量”，
也就是“你做了多少”和“你做得多好”，
与你流了多少臭汗、上了多少小时的班没有半点关系。

1

Z 是我同事的女朋友，之前在一家高档卖场里面做销售。由于工资与销售成绩直接挂钩，所以 Z 很卖力。她每天早上七点半就到了卖场，晚上十一点多才回到家，为了能够争取更多的业绩，Z 甚至取消了周末、节假日与男友的各类约会和旅行。

可是到了年底，Z 还是收到了一份辞退书。Z 觉得特别委屈，她向每一个她熟悉的人哭诉，她不明白为什么自己这么努力工作，竟然还会被辞退。

同事也跟着愤愤不平，说：“没有功劳，也有苦劳啊，工资低也

就算了，至于要辞退吗？”

我对同事说：“没有功劳，苦劳有什么用呢？没有销售，老板拿什么给你开工资，拿什么交房租、电费？难道就因为你每天在卖场里待着，老板就可以少缴费了？

“在商业社会里，只有功劳才会产生价值啊！苦劳如果没能变成功劳，那它就是在浪费时间，而且是浪费所有人的时间。说得更难听点，你都没有替老板挣钱，他还留你这么久，他才是有功劳！”

同事听了，白了我一眼，皱着眉头说：“道理是真的，可这也太残忍了。”

我点点头，说：“是啊，真相一直都这么残忍，但每个人都应该懂得怎么接招。比如改变自己，比如转行。最后我们要成为的，是那种有功劳、有价值的人。”

优秀学生的基础标准是什么，至少有一项是成绩。你说你学习刻苦，尊师重道，最后成绩稳定地排在末尾，你还好意思提自己辛苦吗？同样，优秀员工的标准就是业绩。没有业绩，谈再多的苦劳都没用。

这是以结果论英雄的时代，更是以结果作为标准来检验一切的时代。

在一档职场类综艺节目上，评委史玉柱给大家提了一个问题：“如果你是老板，你有一个项目，分别由两个团队实施。年底的时候，第一个团队完成了任务，拿到了事先约定的高额奖金；另一个团队没有完成任务，但他们很辛苦，大家都很拼，都尽了力了，只是没有完成任务，你会奖励这个团队吗？”

一个选手说：“因为他们太辛苦了，我得鼓励他们这种勤奋的精神，奖励他们奖金的百分之二十。”

一个选手说：“那我得看事先有没有完不成项目怎么奖励这个约定，没有约定就不给。”

还有一个选手说：“我得看具体是什么原因导致他们没完成任务，再做奖不奖励的决定。”

史玉柱说：“要是我，我就不会给，但我会在发年终奖的当天请他们吃一顿。功劳对公司才有贡献，苦劳对公司的贡献是零，我只奖励功劳，不奖励苦劳。”

你是个加班狂，每天七点半就到公司，吭哧吭哧地干到下午六点下班。出去吃个盒饭，回到公司接着拼命到半夜才回家。这样是很辛苦，但这不叫功劳。

你每天早起晨跑、读书、冥想，心里梦想着做个有趣、有情调、有追求的人。这样是很酷，但这也不叫功劳。

功劳的构成，无非是任务完成的“数量”和“质量”，也就是“你做了多少”和“你做得多好”，与你流了多少臭汗、上了多少小时的班没有半点关系。

当你“努力”了一天却没有像样的结果，那你今天对公司的贡献就是零。“任务能否完成”是基数，“努力”是系数。残酷的事实是，当基数为零时，系数再大也没有任何实际价值。

试想，如果成龙没有那些好作品，他一身的伤还有意义吗？如果爱迪生没有找到钨丝，那他之前的上千次失败，还有谁会去在意？

你要记住，“没有功劳也有苦劳”，这是庸才说的话，优秀的人从来都是用结果来证明自己。

2

每个人的朋友圈里几乎都有一类病人在横行，他就是“勤奋病人”。

“勤奋病人”喜欢无病呻吟，时时刻刻以勤奋好学来标榜自己。比如同样在上班、上学，有人按时上下班，按时上下学，按时完成任务或作业，“勤奋病人”却习惯性地把工作或作业的战线拉得很长，甚至是熬夜。他的病根在于，沉迷于无效的勤奋，而忽略了勤奋的目的本身。

“难能可贵”的是，他在标榜自己很勤奋的同时，还让所有人都知道自己勤奋。于是父母、老师、领导就会用他来做榜样，对其他人进行“精神扶贫”。

我想说的是，“勤奋”这样的褒义词，最好还是留给别人去评价，而不是自己来评论。就像别人夸你帅，那才是真的帅；自己说自己好帅，那是脸皮厚。

可为什么很多人还是忍不住要说呢？一是看得见的成绩拿不出来，所以只好拿无形的“勤奋”来充数；二是知道自己的“勤奋”

肉眼无法识别，不喊出来就会被当空气——其实不过是“此地无银三百两”。

“我已经努力了”这种话，无非是在掩饰自己叫苦、认怂的真实面貌。

请你记住，“我已经累到不行了，这活儿还是找别人吧”，这样的情况如果出现第二次，基本就会耗光别人对你的信任。

事实上，那些看似不怎么“努力”就把工作做好的人，才是精英。如果你“努力”了还是做不好，那你干脆消失吧——既然你完全燃烧了小宇宙都还是不行，那你必定是无法胜任这份工作。所以按照这个逻辑，如果你还想干下去，那越是工作没做好，就越不能声称自己“努力”了，反而要说“我还不够努力”，才能隐藏自己能力的天花板，让别人对你还抱有希望。

有的人嘴上说“我已经尽力了”，但身体却很老实，坐得慵慵懒懒，戴着耳机，吃着水果……心理学家说，肢体动作占印象分的百分之五十五。所以，如果别人看不见你努力的身姿，又怎么相信你努力了呢？

如果是一个团队项目，领导问责的时候，抢先说“我已经努力了”的人，注定要遭众怒的：“就你一个人努力了，我们都是懒羊羊吗？”

实际上，越是把“我已经尽力了”挂在嘴边的人，其实越难成功。因为成功者懂得保持优雅，而隐藏努力的狼狈。就像天鹅在水上轻松优雅地游着，但其实它们的脚在不停运动，只是藏在别人看不到的水下。

人类的历史已经无数次地证实了一件事：那些专心做事的人，往往是在别人大声喊口号的时候，默默地将子弹上膛，下一秒，“嘭”的一声，整个喧闹的世界就安静了。

3

梭罗曾说，光有勤奋是不够的，蚂蚁也是勤劳的，关键要看你为什么而勤劳。这也就解释了，为什么很多埋头苦干的人，最后的结果却不尽如人意。

比如你决定减肥，于是你每天早起去跑步，可一个月后，你减肥效果并不理想。于是你去请教了一位运动和减肥方面特别专业的朋友，他了解完你的具体状况后，向你介绍了“什么是无氧运动”“什么是有氧运动”“什么是正确的跑步方式”“该给自己配置什么样的装备”“如何膳食搭配”等。然后你后面一个月的状况就会完全不一样，你的体重会有规律地下降，而且跑起来更加轻松，完全不像原来那种服苦役一般的感觉。

你看，这两段时期内，你的“努力”程度其实是差不多的，但结果却有了天壤之别。

现实中，对没有成效的努力，我们总喜欢抱怨命运不济，老天不公，却不曾回头反省：自己所谓的努力，所谓的付出，是否够专、够诚？是否偏离了方向，违背了规律？

总有人，为了追逐潮流，没顾及自己的弱点，没充分了解市场，就开始跟风创业，投入金钱及大量的时间和精力，结果却以失败收摊；总有人，为了所谓的面子，涉足不熟悉或违背发展趋势的领域，以致被排挤出局。

如此的人生，不能说没有付出，但与功劳无关。

一位美国企业家曾说过这样一句话："不要告诉我分娩有多么痛苦，把孩子抱来给我看看。"

是的，你很辛苦，很不容易，和所有小伙伴一起起早摸黑、加班加点地捏出来一个泥娃娃，拿到市场上，对客户说："这是我们鏖战、流汗打造出来的，尽管功能有点欠缺，质量不尽如人意，鼻子有点歪，脸有点丑，但是，既然我们造出来了，你们就应该买回去。"

有这样的道理吗？

17

觉得他在炫耀，是因为你不曾拥有

一个人最悲哀的事情，莫过于自己没有能够炫耀的优点，
只好将自己的无能，以令人生厌的抱怨表现出来，
来掩饰自己的空洞与短缺。

1

一天，我打开微信，看见Z在朋友圈里发布了一条“关于停用朋友圈的通知”的信息。点开一开，里面是这样一段话：

“我实在是受不了你们在朋友圈里面炫耀了，你的女朋友只是你的恋人，对我而言是个陌生人；星巴克就是款饮料，那个杯子一点儿都不美；iPhone只是一种流行的手机，不是自拍的装饰品；魔声耳机只是比较新潮的耳机罢了；耐克、阿迪也只是满大街的运动品牌；一张电影票不过几十块……这些有什么好拍的。醒醒吧，某些人，别把无知当荣耀。”

消息底下有三三两两几个人点了赞，评论只有一条，是 Y 写的，他写着：“是啊，缺什么就爱炫什么。”

Z 和 Y 都是初入职场的新人，有个性、有才华，就是性格有点孤僻，待人接物也是不冷不热的。

紧挨着 Z 这条消息的是 D——他发了一张和女朋友的合影，突出位置是两枚璀璨的蒂芙尼钻戒。配文是：“很爱很爱你。”D 不仅长得帅，而且还风趣，每天穿着都很时尚，和每一个同事都能聊得很开心。

他的朋友圈里不是旅行和美食照，就是各种聚会照，新潮的电子产品也经常出现。毫无疑问，D 就是 Z 所说的“某些人”。

可是如果你知道 D 的家境和生活圈子，你就会明白，他其实根本就不需要炫耀，他的生活本来就是那样的。D 的姐姐是娱乐圈的经纪人，他也经常跟着姐姐参加各种活动，穿着打扮、待人接物自然很娴熟。定期的出门旅行也是 D 的家庭计划之一。

你看，不同的成长环境，不同的生活阅历，不同的条件，对待晒朋友圈这件事情有着截然不同的态度。这让我想起了另一件事，一个人在微博上写道：“我本来要去买奔驰，结果路过保时捷店的时候顺便瞄了一眼，就顺手买了一辆 911。”

最招人恨的莫过于“顺手”这两个字，好多人留言道：“我能顺手做的事情，就是去菜市场买水果，顺手买了几头蒜。你竟然能顺手买辆 911，也太能吹牛了吧！”

后来有网友发现，这个人的老爸是某上市公司的大股东。于是再也没有人觉得他是在吹牛了。因为他有几个亿在手里攥着，买什么车不都是“顺手”的事吗？

原来，有时候我们觉得别人炫耀，是因为我们没有那个能力，没有那个机会。试想一下，如果你也有机会天天和名流贵胄一起进餐，你穿着得体、觥筹交错不都是很正常吗？如果你也攥着几个亿在手里，买辆车可不就是“顺手”的事吗？

同样的道理，当你银行卡里面的存款能够让你买个 iPhone 像买头蒜一样轻松，那你自然不会觉得秀 iPhone 的人是在炫耀。但是，对于那些需要努力挣钱来买 iPhone 的人来说，就是显摆。

并不是“越缺什么，才越炫耀什么”，而是“你越在乎且不屑别人所炫耀的，就越是你想要的”。

你的眼光停留在什么地方，什么就会影响你。老觉得别人炫富，是因为你在乎物质；老觉得别人漂亮全是整容来的，是因为你在乎容貌；老觉得别人是在秀恩爱炫幸福，是因为你内心渴望爱情。

于是，在脆弱的人眼里，别人发个自拍就是“装纯”了，人家写个自己的感受就是在“煲鸡汤”了，人家拍个美食就“秀恩爱”了，别人晒个旅行照就“炫耀”了……更无奈的是，你喜欢的人发什么都没关系，你不喜欢的人发什么你都觉得是装……

有本事你也晒啊，到底是因为你长得丑不敢晒，还是因为你无趣、无聊，真就没什么可晒的？

2

一个学长毕业三年就有了自己的公司，年收入少说在百万以上。一天，他在朋友圈里发牢骚：“钱不好挣，日子不好过。”

短短十几分钟，这条消息就被哗啦啦地一顿狂轰滥炸：“你这也太能装了吧！”“你哭穷，还让不让人活了？”……

但是如果你认真了解一下真实情况，你就会知道，钱确实不好挣，日子也确实不好过。因为他手下有三十号人，市场环境稍有起伏，公司的经营就会面临风险。

如果你了解这位学长的过去，就会明白他其实不是在炫耀，而是真的在苦恼：他在大学的时候就进入了一家跨国金融公司实习，没多久就被公司老总高薪留下了，可后来还是决定自己创业。他本来可以轻松地做个年收入百万的职业经理人，所以这么辛苦却只赚百万对他而言当然会觉得不顺心。

为什么有人年薪百万都觉得低，而你会觉得他是在炫耀呢？换个问题，如果他的月薪是三千呢？同样是那句“钱不好挣，日子不好过”，你还会觉得他是在炫耀吗？

不会，只有当你比他的收入低，而且是低很多的时候，你才会以一种“无奈、鄙视，又仰望”的复杂心态来认定他是在炫耀。其实呢，不是他炫耀，是你太差了。

就是说，如果你下次被某个言行、某种行为激怒了，或者引起你的反感、厌恶，希望你能够明确地告诉自己：“怪不得别人，是我在这个方面太弱了。”

比如说，如果自己没机会出国，看到别人出国了，就觉得那是晒幸福；比如说自己没有女朋友，看到别人晒了，就觉得那是秀恩爱；比如自己长得丑，看到别人发了美美的照片，就揣测她是用了美图软件……

这就好比说，你如果真的很穷，人家骂你，你就会暴跳如雷；假如你其实很富，你会一笑置之。之所以有些事情能够让你一点就着，那是因为你心里确实存在着这样易燃的东西，可你总是死不承认。

人是一个奇怪的物种，有时候生气的原因，不是因为自己挣得少，而是别人挣得多。你在乎的不是自己有什么，而是跟别人比，自己没有什么。

于是，你判定一个人是否在炫耀的标准，不在于他的真实情况，而是根据你自己的实际情况。然后，你对此愤怒，或者悻悻地说：“我想要的我都得不到，而你却都有了，还抱怨你的太少，你也太能装了吧！”

你看，一个人最悲哀的事情，莫过于自己没有能够炫耀的优点，只好将自己的无能，以令人生厌的抱怨表现出来，来掩饰自己的空洞与短缺。

如果你想更好地掩饰自己的短缺，就不要再去攻击别人的“炫耀”，不管他是否是真的炫耀。因为这只会暴露你的软弱和无能，仅此而已。因为当你一脸不屑地抨击他人的时候，实际上别人只是无意识地将自己最普通的一面流露出来而已。而你这一怒，就彻底地暴露了你的阶层、贫穷、丑陋和愚蠢，这些本来是你一直想掩饰的。

要知道，没有什么比嫉妒和愤怒更赤裸裸地、更彻底地将一个人暴露无遗。

3

有个段子说："别人对你最大的善良，就是你挨饿的时候，他吃肉不吧唧嘴巴。"可问题是，他不吧唧嘴巴，你就不饿了吗？

如果善良只是让人安心地挨饿，那它的意义就太扭曲了。难道不能是，你看到别人吃肉的时候，也去努力找肉吃吗？虽然一时半会儿可能很难，但如果不去找，不去朝着那个目标努力，那你就永远没肉吃。

总有人在一本正经地说："真正长得漂亮的人很少发自拍。""真正有钱的人基本不怎么炫富。""真正恩爱的情侣用不着怎样秀恩爱。""真正玩得愉快的时候是没有多少时间传照片的。""真正过得精彩的人并不需要刻意地向别人去炫耀自己的生活。"

我觉得，他们不仅应该炫耀，而且应该大肆炫耀，否则你怎么知道自己不够漂亮？怎么知道自己很穷？怎么知道自己不那么幸福？怎么知道自己无聊、无趣？

与其每次面对别人的炫耀，表现出"不爽"和"愤懑"，甚至憋出内伤，还不如好好利用这些黑暗能量，刺激一下浑浑噩噩的自己，更努力地工作，更刻苦地学习，更认真地化妆，更起劲地减肥……这样，你不仅逃离了无休止的精神折磨，还有更多的机会去缩小和别人的差距。

看到别人的生活，能理解；反思自己的生活，能自省。哪怕别人真的是在晒，你也要能把这份“羡慕嫉妒恨”转变为促使自己努力的力量，这才是最有意义的。

切记，不要在苍蝇面前拉屎，因为它会觉得你是在炫富。真心希望，这只苍蝇不是你！

30天计划表

你以为平凡带来的稳定是福气？

实际上，它只是你碌碌无为的借口，是你安于现状的理由，

它轻易地抹掉了你变得卓越的无限可能，让你沦陷在平庸里。

18

为什么你那么忙，却还是那么穷

残酷的事实是：

漫无目的的辛苦流浪，并不能换来成长。

1

同事聚餐的时候，有人问阿哲有没有向暗恋很久的女孩子表白。阿哲推了推鼻梁上的眼镜，苦笑着说："哪敢啊，现在每天上班和加班加一起超过了十四个小时，而收入呢，才勉强够支撑房贷和自己生活，哪还有闲钱和闲工夫追女孩子啊！"

阿哲其实是个很上进的男孩子，从普通的大学毕业，后来考上了重点大学的研究生，现如今算是工作稳定了，还有了一套需要还贷的房子。

聚会间隙，我问阿哲："当时那么辛苦考研究生，是冲什么去的啊？"

阿哲笑着回答："梦想啊，我梦想做一名大学教授，有自己的研究课题，有很优雅的生活方式。"

"如今呢？还想当教授吗？"我接着问。

不知道是出于无奈，还是想让我听得更清楚，阿哲扯着嗓子喊："现在啊，又穷又忙，哪还敢谈梦想？梦想啊，因故延期了！"

实际上，阿哲的状态是很多人对当前生活状态的定义：工作比自己想象的累，工资没自己期望的多，又穷又忙，"没资格"谈幸福，"没底气"谈梦想。

"好想去报个健身班啊，可是一点时间都挤不出来""这几天太忙了，忙完了马上约你""好乱的家啊，不知道从哪儿开始收拾了"……这些状态，有没有出现在你的生活里？

你感觉时间总是不够用，没时间约会闲谈，没时间运动，没时间打理生活，只能无奈地重复那句早已被透支了的"等我有时间了……"。

"这个好漂亮，可是也太贵了吧""工资才发，就没了""物价好像又涨了"……这些话有没有出现在你的生活里？

你感觉钱总是不够用，买稍微贵点的东西，都要不自觉地把它折算成自己月薪的百分比；出门旅游的计划已经很久了，可飞机票又太贵，而火车又太慢，于是一拖再拖；甚至买一件衣服，不打折都不舍得买，只好在心里默默地对自己说那句特别凄凉的"等我有钱了……"。

经常听到有人"喊忙、说累、哭穷"，说加班到凌晨，说工资低、假期少；说不敢生病，不敢辞职；就算心中有诗意和远方，也没有说走就走的勇气……有的只是“赤裸裸的又穷又忙，穷得只剩下理想，忙得没时间生活”。

是啊，怎么会这样？明明天天加班工作，却依然业绩平平。明明天天早出晚归，却还是账户空空。大学毕业已经数年了，可梦想依旧遥不可及，生活依然毫无起色。

原因其实很简单，因为你的忙碌是不懂反思的忙碌、与个人进步无关的忙碌、不得要领的忙碌、重复平庸的忙碌，而这些忙碌往往是瞎忙，等同于放空炮。

你忙着看热门微博，忙着给自拍照美颜，忙着在朋友圈里点赞，忙着为了得到领导的好感而加班，忙着为得到表扬而做事……结果呢？你不知道时间去哪里了，不知道梦想怎么就“躲得远远的”了，不知道曾经的好友怎么就人间蒸发了……

有时候你会感到难过，并不是因为做了什么，而是发现自己什么都做不了，又或者做了和没做一样，只能一味地等着，等着命运的救赎或者施舍。

残酷的事实是：漫无目的的辛苦流浪，并不能换来成长。

如果你很忙，除了你真的很重要以外，更可能的原因是你很弱。因为自身无能，所以要折腾出很多的事情让自己去忙碌，用来增加自己那可怜的自我价值感，同时得以忘记和逃避自己的无能。

但你别忘了，忙并不能成为衡量工资水平的标准，它仅仅只是描述了一种状态，而不能代表工作和生活质量。忙并不能直接带来满意的结果。

圣哲们曾说，没有比漫无目的地徘徊更令人无法忍受的了。

如果你是带着目的去忙，带着梦想去忙，就请你一定要咬着牙挺过去，挺过去了，你的人生就翻越了命运的分水岭，早晚都能成事。

反之，挺不过去，放弃了、妥协了，你就会一直艰难、一直灰暗、一直没有还手之力，可能你就会一直是现在这个鬼样子：一年年弄不出点正经事，傻了吧唧一天到晚瞎忙活。

你看，那么多人把自己的愚蠢、无知、无意义、无价值的消耗当成所谓的忙。

2

人不成熟的第一个特征，就是立即要回报。他不懂得只有春天播种，经过夏天的成长，到秋天才会收获。

在职场或者生活中，很多人刚刚付出了一点点，就马上要得到回报；才跑了三天步，就想着要拥有马甲线的身材；才看了五天书，就想着在考试成绩上突飞猛进……总是想着用最短的时间成功，用最短的时间减肥，用最短的时间变漂亮，用最短的时间学会一门技能，用最短的时间练出肌肉。

付出不一定有回报，更不会马上有回报，你又不是钟点工！

有人总结过，说穷人有两个非常典型的心态：一个是永远对机会说“不”；另一个是总想着“一夜暴富”，其实核心就是“马上要回报”。

比如说，你跟他说任何的项目，他的第一个问题都是“挣不挣钱”，你说“挣钱”，他马上就问第二个问题“容易不容易”，你说“容易”，这时他跟着就问第三个问题“快不快”……你看，他就这么幼稚！

其实很多人都有这样的穷人心态。要学一样东西，总是火急火燎，巴不得一个月就有奇效。因此他加班加点，不断透支身体，把所有的享受都摒弃，把生活弄得兵荒马乱，把自己弄得疲惫不堪。而他还自称上进、有追求，想成为职业达人，想在某个行业取得成绩……

真相却是，因为他等不及，所以总是试图用最少的时间、最少的努力，以期得到最好的结果。而结果就是，要么是累得鸡飞狗跳，忙得连顿饭都没时间吃，连家人都没时间陪，要么就是实在坚持不下去，中途放弃了。

任何事情都不可能一蹴而就，如果你偏要一个月减肥成功，偏要一个月背诵一万个单词，偏要一个月写一百万字，你肯定会忙得脚不沾地，肯定没有办法轻松从容。

我们都知道，只有长久地坚持，才是真正有意义的。你一天背一百个单词，今天累到吐血，然后用一周的时间休息复原，跟每天背二十个单词的人比起来，谁更轻松？谁更容易坚持？谁学得更多？

努力从来都辛苦，但让努力变得相对轻松的做法是，把努力坚持这种事变成习惯。

在杰克·霍吉的著作《习惯的力量》中，有这样一段话："我会推着你前进，也可以拖累你直至失败。我完全听命于你，而你做的事情，也会有一半要交给我，因为，我总是能够快速而正确地完成任务。我是所有伟人的奴仆，唉，我也是所有失败者的帮凶。伟人之所以伟大，得益于我的鼎力帮助，失败者之所以失败，我的罪责同样不可推卸。我就是习惯。"

3

那你为什么总是又穷又忙？

我想，是你想要的"有钱又有闲"的生活，一直在路上。而富有的定义，不断变化：拿到五万的时候，想要五十万；有了五十万，也还是不够。没房没车的时候，想有；有了之后，还想要换好的、大的。

"闲"的定义，也不断变化：没有周末的时候，就想有时间能好好睡一觉；睡好觉之后，想要有假期；有假期之后，想要更多的自由；自由了之后，还想要更多的钱。

之所以这么"贪心不足"，是因为我们总有一个期待，期待有一天，我们可以和在乎的人一起，拥有自己想要的生活，欣赏自己想看的风景。

从这个角度来看，"又穷又忙"并不是坏事，总好过"又穷又懒"。

就算几年努力之后，还是觉得"又穷又忙"，但是你对生活的掌控力肯定会明显提高；就算十几年的努力之后，依然觉得“又穷又忙”，但那时的你一定可以不被物质左右，可以有应对未知风险的底气。

“又穷又忙”是你自己的选择，是想要把事情做得精细、把日子过得富足的一种追求。因为只要降低了期待，每个人都可以“有钱又有闲”。

有人年收入过百万，依旧避免不了“又穷，又忙，又恐慌”的心态，因为他要让全家人过上有品质的生活，为了以后能够有足够的钱送孩子出国，为了自己老了还能保持一定的生活水准……

那么你呢，怕什么“又穷又忙”？

每一个有上进心的人，都会不自觉地把自己放到这种状态里。

一旦你感觉不焦虑了，感觉到富足了，那也预示着你不会再有进步了。要记住，你不需要学习任何新东西，不需要解决任何新问题，不需要面对任何新挑战的时候，就是你最危险的时候。

最后我想对既忙又穷的人说，只要你愿意继续努力，你就会慢慢找到迷茫的出口，就会减少低头弯腰的次数，你所有的收获都是点滴的积累，无论多与少，都值得被尊重。

我也想对那些瞎忙之后小有成绩的人说，请别滥用你的同情心，也不必居高临下地施舍又穷又懒的人，你给不了他们一世的安好，那么就请别毁了他们的人生，错给了他们一个假象——即便不劳也能获得。

19

哪有什么岁月静好，只是有人替你负重前行

这个世界很残酷，努力不一定有结果，但是不努力一定没结果。
更残酷的是，如果你选择了偷懒，命运就会安排另一个人替你受罪。
所以，你不努力，就是自私！

1

认识K的时候，她在一家超市做促销员。一次偶然的机会得知她也喜欢文学，便互相加了微信，后来成了好朋友。

K从上大学起就没拿过家里的钱，学费、生活费全都是她自己挣。几乎所有空余时间，她都在兼职，端盘子、发传单、做礼仪、做家教……

关于挣钱，K有一种强烈的紧迫感。我本以为是因为K的家庭状况不好，了解之后才发现，她家里虽不是大富，却也完全有能力供给她的学习和生活。

我问她："别人都活得优哉游哉的，你干吗天天出去兼职打工啊？"

她笑着说："因为爸妈快五十岁了，现在天天在外面奔波，我一想到他们挣钱的辛苦，就闲不下来了。"

我又问："那挣一点就够你花了啊，至于这么拼命吗？"

她的回答让我印象深刻，她说："因为我知道每个人的生活都不会太容易，如果我把日子过得容易了，那一定有人在替我承担本就属于我的那份不容易。这就好比两个人用扁担抬箱子，谁的肩膀离箱子远，谁就更轻松，可箱子还是那么沉啊，重量自然加到了另一个人肩上。替我承担的，就是我的父母啊。"

后来，K 还是那么忙，忙着写网络小说，忙着发表论文。大概是天道酬勤吧，她后来成了某杂志社的签约作者，还出了自己的书，而且还特意送了我一本。书的扉页，有她认真的笔迹。

她写道："当初你问我为什么这么努力，我回答得有点啰唆，其实简单来说，就是为了让自己成功的速度超过父母老去的速度。"

那么你呢，那个"不努力、不坚持，只会自得其乐地说岁月静好"的人，请问你到底有没有想过，你过得还算舒适的生活究竟是怎么来的呢？你真的有资格偷懒，有权利懈怠吗？

你可以反思一下，除了伸手要钱，你还为父母做过什么？嫌弃生活压力大，嫌弃学习任何重，嫌弃他们啰唆，还有别的吗？

你说自己坐车回家很累，放下东西就什么也不干，可是他们干了一天的活，仍要为你做饭菜。在学校，你没有生活费了，你才想起给家里打电话，开口便是要钱。

最过分的是，你用着他们给的生活费，大肆挥霍，买了这个又要那个，还花得心安理得；而他们用着自己挣的钱，分分计算，担心你的生活费不够用，竟还要花得小心翼翼。

你看，最后你是把生活过成了诗，却让父母活在了水深火热之中。

那个替你负重前行的人，就是这个世界上最爱你的人。他怕你太累，而把最多的重量放在自己肩上。你要明白，如果有人对你好，绝对是命运的恩赐，而不是理所应当。

哪里有真正稳定的小日子呢？哪里有不劳而获的岁月静好呢？好多人活着就已经费掉了全部力气，结果才活出七分的体面，你凭什么可以在年纪轻轻、一无所有的时候，就跷着二郎腿说“岁月静好”呢？

所以我的建议是，你要趁早学会懂事一些，要学着累了、摔倒了自己爬起来，如果总是让别人扶你，我怕有一天，你一个人的时候，会永远站不起来。

2

玲是朋友里面结婚比较早的，当了两年半全职妈妈的她终于解放了——她重返职场，孩子交给了婆婆。

然而，正当玲在朋友圈里风光无限的时候，一场关于“教育理念”

的拉锯战逐渐拉开了序幕。大到教育，小到吃穿，简直就是一步一个雷。

当旅游回来的玲看见孩子穿着厚厚的棉服时，就对婆婆说：“妈，孩子不能穿这么多。”

当参加完聚会的玲看见孩子正在吃糖时，就对婆婆说：“妈，怎么又给他吃糖呀，刷牙了没？”

当赖床的玲准备带孩子出门的时候，就对婆婆说：“妈，怎么给孩子穿这么难看的衣服啊？”

直到有一天，和朋友们去购物的玲接到了婆婆的电话，婆婆急促地说：“孩子磕脑袋了，现在在医院！”

怒气冲冲的玲到了医院就对婆婆说：“怎么看个孩子也看不住啊？这要是脑袋出了问题可怎么办啊？”婆婆一语不发，满是皱纹的脸上挂满了自责。

有一个晚上，玲碰巧看见婆婆在房间里给腰贴膏药，就过去帮忙。

玲问：“妈，你腰痛又犯了啊，怎么不跟我们说？”

婆婆回答：“没事儿，说了怕你们担心，还行，能坚持。前天孩子磕了脑袋，我着急抱他去医院，估计是扭了一下，贴两次膏药就没事了。”

玲心里一紧，一想到这段时间自己在外面“潇洒轻松”地过日子，便满是对婆婆的愧疚。第二天，玲很早就起床了，做好早餐，然后把婆婆的衣服全都洗了一遍。

她在朋友圈里这样写道：“有一种人没良心，是认为老人带娃天经地义。”

都说老人带孩子的身份好尴尬，这是真的。你说他们是主人吧，可什么说了都不算数；说他们是客人吧，可什么事情都得自己做；说他们是仆人吧，可从来都没赚过工钱。

是啊，当你因为鸡毛蒜皮的小事和老人争论的时候，当你因为一些理念的不同而大加批判的时候，不妨想一想，自己为孩子、为家庭做了些什么？那个一心帮你带孩子的人，一心帮你持家的人，几乎奉献了自己的全部时间，他们既心甘情愿，又乐此不疲，而你又有什么资格颐指气使、指指点点呢？

要记住，爱从来就不是天经地义的。有人给你爱，是因为他愿意，不是必需的。

都说儿女是前世的债主，今世是来讨债的。但你该知道，根本没什么前世今生。父母把世上最宝贵的东西送给了你，他们才是债主，而你才是欠债的人。

3

有句流传已久的名言："不怕神一样的对手，就怕猪一样的队友。"为什么怕？因为猪一样的队友不仅不会帮忙，而且还是个"拖油瓶"。

一项艰巨的任务完成了，如果你偷懒，那势必需要你的朋友、伙伴更多地费心费力。

一段甜蜜恋情的继续，如果你懈怠了，那势必是要另一半承担更多的委屈、难过、伤心。

一个人的成长如果总是一帆风顺，那么一定是他的亲朋好友在为他保驾护航……

照顾好生命中重要的人，需要努力，还有情商。如果你压抑、痛苦、忧伤、不自由，又怎么可能在心里腾出温暖的房间，让重要的人住在里面？如果一颗心千疮百孔，住在里面的人就会被雨水打湿。在命运的战场上，那些在战斗中拖后腿的，不是没力量的人，而是没有觉悟的人。

生活免不了难处，若你不觉得难，那你要明白，一定是有人替你抵挡了那些难。你的岁月静好是建立在别人的负累之上的，而那些苦，你却浑然不觉。

一些人如果能够很轻松地生活，那一定是身边有个人用更大的代价在守护。所以你早出晚归，你孜孜不倦，这是为了你的孩子、另一半、父母可以睡到自然醒，可以衣食无忧。

这个世界很残酷，努力不一定有结果，但是不努力一定没结果。更残酷的是，如果你选择了偷懒，命运就会安排另一个人替你受罪。所以，你不努力，就是自私！

你呀，不仅是要和自己赛跑，还要和时间赛跑。你得尽快让自己变得优秀起来，趁着报恩，趁着相爱，还来得及。

请你尽快停止那些不劳而获的幼稚的幻想，放弃那些毫无根据的岁月静好，你要努力，要折腾，要风雨兼程，这样才对得起那些和你选择一条船、陪你长大和前行的人。

20

允许别人指点，但谢绝指指点点

你越差劲的时候，对你指手画脚的人会越多！
因为你个子矮啊，
随便哪个高个子轻轻松松就可以戳你的脑门。

1

表姐家的孩子已经五岁了，有一天特别勇敢地对我说："舅舅，我想骑真正的自行车，不带辅助轮的那种。"

于是趁着周末，我就带着她去了一个广场上练习。广场上人很多，我本来教得不急不忙的，没料到急坏了周围的大爷大妈们。很快，这群人就开启了"教学模式"："你得让她先练一只脚踩着""你得让她像我们以前那么练，先蹓""你得扶着她""你别扶着啊，让她自己滑行几次"……

没一会儿，孩子就急了，脸憋得通红，眼泪也跟着下来了。她对我喊道："我说不要来这里练的，这么多人……"

我当时一脸尴尬，只好赶忙将她和自行车从人堆里拽走了。

孟子曾说："人之患，在好为人师。"在现实生活里，好为人师最让人反感的地方在于，明明是什么都不了解，却还自以为是地对别人指手画脚。

细想一下，其实我们身边也都有这么一种人，无论别人说什么，做什么，也不管他跟人的关系远近，总是要自以为是地评论一番。大到人生大事，小到吃个饭，都要品头论足一番。

你也说不清他们是无聊至极，还是古道热肠，反正他们就是喜欢不负责地对别人指指点点，评价别人的努力，议论别人的梦想。

你学习工作认真，他们笑你死板；你温柔善良，他们笑你缺心眼；你坚持不懈，他们笑你不自量力；甚至你只是去看了一场话剧，都被他们当作饭后的槽点，说你装文艺……

但你要明白的是，这些对你指指点点的人，根本就不会对你的人生负责。你会不会骑自行车，你考试有没有及格，你面试能不能过，你的努力能不能有结果，你过得快不快乐，他们根本不关心。他们只是顺便把嘴边的话说出来，表达一下自己的情绪，顺便让自己开心一下。

想必很多人都听过这样一个故事：

夫妻俩回家，刚开始是妻子骑着驴子，丈夫牵着驴，有路人说："这女人太不像话了，居然让男人牵驴。"妻子脸红了，和丈夫换了个位置。没走几步，又有路人说：“这男人太大男子主义了！”这下丈夫又脸红了，于是他们两人一起骑驴。这时路人指指点点得更厉害了：“两个人骑一头小毛驴，这分明是虐待动物。”夫妻听了，干脆谁都不骑了。可还是有路人在嘀咕：“这两个人真傻，明明有一头驴子，可谁也不骑。”

你看，不管你选择什么样的生活方式，都会有人指指点点。生活中，你坚持的一切，也都会有人看不惯，他们在人前或者人后，带着看热闹的心态，也带着不满、嘲讽、嫉妒、不屑……独独没有善意。

在这些人眼里，结婚是错，不结婚是错，生小孩是错，不生小孩是错，老少配是错，整容是错，有钱是错，没钱更是错……他们就像是北极圈的因纽特人，在拼命教育非洲居民，如何在雪堡里生活！

我很好奇，他们没有经历过别人的人生，到底是凭什么批判别人的生活，凭什么指指点点的，难道就凭他们是局外人，能看清整盘棋？

对付那些喜欢替人操心的人，无外乎两种方式。如果是指点，那就听听；如果是指指点点，就直接无视。你要做好随时被人品头论足的准备，不能忽视了他们。正如《傲慢与偏见》中所说：“对不要脸的人，决不能低估了其不要脸的程度。”

当然了，闲人的指指点点和朋友的建议完全是两码事。至于两者的区别，我相信只要不是缺心眼，应该都能分辨出来吧！

2

我高中时的同桌 Q，高考之后就去美国了。去年高中同学聚会的时候，Q 是其中的绝对明星。大部分人都赞叹道：“哇，这么年轻就当上教授了，好厉害。”可也有那么几个鼻孔朝天的人在嘟囔：“什么呀，不都是他父母给安排的嘛，有什么了不起。”

我问 Q：“听到类似的声音，难道不会生气吗？”Q 坦然地回答说：“这有什么好生气的呢？我又不是活给他们看的。再说了，我活得好好的，完全没有必要证明别人是错的，来显示自己是对的。”

很多情况下，你做到了 A，就会有人问你为什么没有做到 B；你做到了 B，又会有人问你为什么没有做到 C。对于这样的人，你无须证明自己，你只需要无视和继续。毕竟，做事是你的原则，嘴碎是他人的权利，历史只会记得你的作品和荣誉，而不会留下一事无成者的闲言碎语。

为什么有的人怕人批评指点，而有的人根本不在乎别人的指指点点呢？归根结底落在一件事情上，那就是“实力”。

你越差劲的时候，对你指手画脚的人会越多！因为你个子矮啊，随便哪个高个子轻轻松松就可以戳你的脑门。

你皮肤不好，人家就会有意无意地叫你护理肌肤；你工作不顺利，别人就会主动向你传授一些工作技巧；你单身好几年，自然就有人向你灌输各种人生观、价值观，以及近乎炫耀的“恋爱技巧”……

而那些真正的人生赢家，他们才不会在意那些无中生有、稀奇古怪、充满酸气的“指点”。

知道Q为什么是人生赢家吗？因为家境殷实、聪明，而且还拼。相信我，Q在大学的学习成绩不是父母安排的，在大学发表的学术论文也绝不是父母安排的。

与其将时间浪费在与那些喜欢“吐口水”的、差劲的人较真，不如多花点时间让自己变得优秀起来。你还有很多事情要做，很多敌人要打败，很多关要闯，很多弯路要去摸索。你得知道自己在做什么。

你当然也可以坐在空调房里面去对别人说三道四，或者去抱怨现实的不公平，但是最终的结局是，你既浪费了宝贵的青春，最后还变成了一位又老又丑还穷的怨妇！

只有自己足够强大，才不会被别人影响或践踏。不要做一只橙子，榨干了汁就被人扔掉。应该做一棵果树，春华秋实，年年繁茂。

3

在我们的生活中还有一类人，是别人还没来得及对他指指点点，他却习惯了活在别人的眼睛里：穿衣服是为了给别人看，吃饭是为了给别人看，对象好看也是为了可以拿出手……生活没有自己的价值判断，每天的乐趣也就是来自别人的夸张的言语，每天的动力来自他人羡慕的眼光。为他人而活，又怎么做坦荡的自己？

你看鹰不需要鼓掌也能飞翔，小草没人心疼也在成长，深山的野花，没人欣赏也在芬芳。做事不需要人人都理解、认同，只需尽心尽力；做人不需要人人都喜欢，只需坦坦荡荡。

如果你因为别人的评价，而选择做什么，或者不做什么，你一定会后悔的。相信我，一年后，他们压根儿不会记得自己评论过你。别人怎么看你，真的不关你的事。

当然了，我希望你是因为实力出众，所以不在意别人的指指点点，而不是蒙蔽自我，自以为优秀而拒绝别人的指点。

一个自以为是的人，必然是以自己的一点长处为傲，自我感觉良好，常常沾沾自喜的，但往往容易故步自封。久而久之，等他的三板斧舞完了，就只会剩一个语言乏味、面目可憎的躯壳。

现实生活中，被人指指点点不可避免。不在意，做好自己，就是最有力的回击。

如果你害怕被人指点，那就让自己厚脸皮一点，如果做不到，那就努力让自己有钱一点。

同样的道理，我们也不能对周围人的生活随意地指指点点。如果真的在乎，就给一点负责任的评价，带着诚恳，带着善意；如果不在乎，就管住自己的嘴巴，不要干扰别人的生活，更不要打扰别人的努力和梦想。

罗斯·麦唐诺在《入戏》里就曾写道：“我早就不再给人忠告了。

人家就算跟你要，你若真给了，还是会讨人厌。”

尤其需要谨记的是，千万不要对一个“既愚蠢，又懒散”的人提建议，愚蠢归根结底是他自己的事，你何必杞人忧天？你没有义务让这样的人变得聪明、勤快，每个人归根结底都是对自己负责的。

如果有人偏要做烂泥、做咸鱼、做锈铁、做朽木，那你也大可不必恼怒。因为烂泥躺得好好的，何必要把它扶上墙？咸鱼躺得好好的，为什么要给它翻身？锈铁躺得好好的，何必要恨它不是钢？朽木躺得好好的，你为何要选择雕它？阿斗也只想好好蹲着，为什么非得扶他起来？

你永远无法破灭另一个人的幻觉。不管你有多少经验来证明他们的错误，他们都会坚持自己的谬论，强烈地抵抗你、触怒你。

世界上最浪费表情的事情，莫过于你对一堆烂泥痛心疾首，各种好心相劝，而烂泥自己却说：我就爱躺着，谁要你多管闲事来扶我？

一个人重新振作的方法可分为两种：

一种是看着比自己卑微的东西，寻找垫底的聊以自慰；

另一种则是看着比自己伟大的东西，狠狠踢醒毫无气度的自己。

21

过自己想要的生活，是需要付出代价的

想过自己想要的生活，想去拥有自己喜欢的人，
最可靠的办法是，让自己配得上这些。

1

小T在大学时是个疯狂的“考研党”，他考研的理由有两个：一个是通过考研换一个自己喜欢的专业；二是通过考研念高中时代向往的那所大学。

熟悉小T的人都知道，他的大学和专业都是父母给选的。他喜欢文学，却不得不在实验室里完成“废酸及废碱液的处理”的实验。好不容易熬到大四了，他终于有机会跟父母说“不”了：父母希望他考进公务员系统里，可小T还在想着他的文学梦，就跨专业报考了梦想的中文系。只是他没想到的是，跨专业考研的难度比高考要

难百倍。

从那时起，小T每天从早上七点到晚上一点，只要醒着，他就在学习。对他而言，能眯上五分钟，都是幸福的。有一天他梦见自己差一分就考上了，就差一分。他在梦里号啕大哭。等哭醒了才发现，全寝室的人除了他，都在熬夜——玩游戏。

临床的人见他醒了，一脸不解地说：“大学就得玩啊，要不毕业了那么忙，哪还有时间玩？”

小T说：“为了我想要的生活，我就得拼啊！”

再后来，小T如愿成了一位小有名气的作家，生活虽然也忙，却是他想要的那种。有人问他：“要有多大的运气，才能像你这样，过自己想要的生活？”

他回答说：“过自己想要的生活，从来都不是靠运气！如果你考大学时选的专业不是你喜欢的，而是你父母喜欢的；你的选修课不是你喜欢的，而是拿证多、学分好得的；你求职不是挑你喜欢的，而是待遇好的，请问，你当初选择时，不拿‘喜欢’当回事，凭什么从事喜欢的职业呢？又凭什么过自己喜欢的生活呢？”

很多人都有这样的担心，努力了，也过不上想要的生活，付出了，还是一无所有。是的，你得承认，因为在现实的情况下，绝大多数人都不可能拥有自己想要的生活，哪怕他勤奋努力，加班吃盒饭，也可能在三十五岁的时候依然是个无房、无车、无大城市户口的悲催小职员。甚至，你的努力并不见得会被公正对待，属于你的位置仍然会被“有关系”的人所占据。

可即便如此，你也不该松懈。虽然为梦想颠簸的人有很多，不差你一个，但如果坚持到最后，你就是唯一。

更关键的是，你现在不努力让自己过上自己想要的生活，那你以后就会用大把时间去应付自己不想要的生活。

二十几岁的你，曾经在微博上虚掷光阴，随后又在微信里蹉跎岁月，你以为通过手机就连接了世界，其实只是躲在屏幕后面获取“廉价又无意义”的存在感。

于是，别人说他的作业都是抄答案的，有些人当作没听到，继续看书，就你傻乎乎真相信了，你也开始抄答案；别人说回家就是玩电脑、打游戏，有些人当作没听到，认认真真做练习，就你傻乎乎问别人什么游戏好玩。你以为人人都在偷懒，于是你松懈，其实他们都在暗自努力，落在后面的只剩你，再不奋斗就会被梦想抛弃，一事无成。

喜欢抱怨现在自己不如意、命不好、运不好的人，不明白现在自己的命运，其实就掌握在以前的自己手中；总会拿未来会好起来安慰自己的人，要懂得，明天什么样由今天你怎么做来决定。

你呀，真不是命不好，而是笨，而且是笨到家了，笨到除了还可以努力，别的什么都不会。可越是笨的人就越应该明白：只能努力的自己要是再不努力，可就真的什么都没有了。

2

一女生在朋友圈里写道："我有四个愿望：不劳而获，不学有术，相爱无伤，狂吃不胖。"底下有人评论道："嗯，你都可以懒成仙了！"

其实，这也是很多人的真实写照：脑袋里全是坐享其成、不劳而获的"美梦"，身体的每个细胞都被懒惰撑得满满的。嘴巴里念叨着"来一场说走就走的旅行"，却不知靠什么出发；心里默念着要"以喜欢的方式过一生"，却不知道用什么去养活那样的自己。

世界上可以不劳而获的只有贫穷和年龄。没有哪件事，不动手就可以实现。真正美好的生活是你自己努力创造出来的，而不是从天上掉下来的。

一个二十几岁的人，你做的选择和接受的生活方式，将会决定你将来成为一个什么样的人！你需要奋不顾身地努力，然后才能去到那个你心里魂牵梦绕的圣地，看看那里的风景，然后才能体会到"经过自己的努力，过上自己想要的生活"这件事，是多么美好。

二十几岁的年纪，其实一眨眼就过去了，而也正是这稍纵即逝的几年时间，将会决定我们三十岁之后的生活质量。

过自己想要的生活，不仅需要勇气，更需要实力。

勇气很容易出现，比如说：因为别人的精彩人生，我见过，我就不希望它只是我心里的一个梦；因为别人的故事，我听过，但味同嚼蜡，所以我想要一一来经历；因为很多的地方风景极美，我听人说过，也见过照片，却没去过，我要亲自去看看；因为这个世界上有很多好吃的，我不想对着图片流口水，我要亲自去品尝。

还因为人生很长，身不由己的时候很多，在实现愿望的过程中，阻碍很多，很多时候我是戴着镣铐起舞，若不努力，只会困死在别人的意志里；因为在不久的将来，我会慢慢老去，我希望自己的人生过得精彩有趣，有很多值得回味、值得讲述的事迹供我嘚瑟。

可实力你不见得有。所以很多看起来特别勇敢的人，在说了很多关于梦想、关于旅行、关于努力的豪言之后，都陷入了抱怨的旋涡中：为什么别人有安稳的日子？为什么别人不努力就可以过想要的生活？为什么我没钱、没时间？为什么在旅途中的总是别人？

生活不会平白无故就给你想要的，你想要过喜欢的生活，就得去争、去耕耘。如果你觉得自己贫穷，那么就去努力学习，努力工作挣钱。唯有你努力了，你才能多一次翻身的机会，也减少了一分坏运气的概率。

有句鸡汤文说："有时候，上天没有给你想要的，不是因为你不配，而是你值得更好的。"我十分严肃认真地告诉你，就是你不配！

3

朋友的亲戚给她安排了一份不错的工作——在一家很有前途的公司里做审计。照理说，只要她足够细心，再加一点点耐心，这个工作她是可以胜任的。可她最后还是被辞退了。原因是她既懒，又粗心大意。

她在微信里向我诉苦："损了亲戚的面子不说，我还错失了一份好工作啊！如果世上真有后悔药，我怕自己会撑死。"

我没说一句安慰的话，因为除了"活该"我想不出别的词。

想了好半天，我回复她："如果你有幸拥有了好东西，你就应该努力让自己配得上它。如果你不珍惜，又不努力，那么你终究会失去它。最终的结果是，你只会配得上越来越糟糕的东西。"

"不论是工作，还是感情，都是如此。毕竟，天堂虽大，但没有一个位置是多余的。你若不努力让自己配得上这里，就会被赶出去。赶出来了，只抱怨是没意义的，你要想再去，就兀自努力，去争取啊。"

想过自己想要的生活，想去拥有自己喜欢的人，最可靠的办法是，让自己配得上它。

每当你看到优秀的学长在前面闪闪发光的时候，每次看到公司的前辈们做完了让人惊艳的工作时，每当看到陌生的人能滔滔不绝地演讲时，你的内心是不是既羡慕，又矛盾："哇，他太强了，自己真是弱爆了。"

可事实上，没有谁一开始就在闪闪发光，一工作就很惊艳，刚会说话就能滔滔不绝，都是一个不断训练、不断提升的结果。

下决心减肥，坚持不到一星期就放弃了；说好不迟到，第二天还是睡过头；许诺照顾好身体，转脸还是胡吃海喝晚睡……人最没用的就是对自己不负责任，连答应自己的事都办不到，还总抱怨世界都在欺骗你。

回头看看吧，你身边从不缺少这样的人，他们跟你一样没有有钱的爹妈，没有漂亮脸蛋，没有天赋异禀，你们毕业于同一所院校，曾在同一家公司任过职，但是仅仅三年或五年的时间，你们之间的距离简直无法用有没有房有没有车来形容了，他在日进斗金，你却只出不进。什么前提条件都一样，可差距怎么就显而易见了呢？终归是两个字：知道。

他知道自己几斤几两，他知道自己要什么，他知道自己的梦想是什么，他知道怎么做才能过得更好，他还知道谁能助他一臂之力。

我还经常听到这样的声音："看他们多年轻，我们已经老了，已经没希望了！""哎呀，老了，我只好把世界拱手让人了。"

你其实一点儿都不老，你有大把的时间，只是，不管你停在哪个年纪，你都没有真正努力一次的决心和行动，这才是你最该担心的。

实际上，你对年龄表现出来的担心，并不在于年龄增长带来了苍老，而是恐惧随着年龄的增长，自己仍然一无所得。

你觉得自己老了，老得没力气、没愿望去和这个世界抗争，于是干脆就缴械投降。

可是你要明白：你有信仰才年轻，一疑惑就老了；你充满自信才年轻，一畏惧就老了；你怀有希望才年轻，一绝望就老了……

岁月能使你皮肤起皱，但是如果你失去了对美好生活的热忱，岁月就会损伤你的灵魂。

22

在一无所有的年纪里，且轮不到你来云淡风轻

看破物质需求，摒弃虚荣，淡泊金钱名利，当然格调甚高，

但是，你不配。

因为你明明心里有渴望，可由于达不到，于是强行云淡风轻。

你那根本算不上格调，顶多算是软弱。

1

我的身边有这么两个人，一个被人称作“义工君”，另一个被人称作“咖啡君”，他们看起来都很快乐。

“义工君”是那种什么都想要，并且什么都会去争取的人。

哪里有免费的礼品赠送，哪里有打折，哪里要招聘演唱会义工……但凡是有机会、有时间，他都会去争取。

每当有人问他为什么总爱贪小便宜，他总是笑着说：“这些机会本来就是人人均等的啊，你觉得这是贪小便宜，那是因为你不好意思去争取吧？”

“咖啡君”则完全不同，他看起来什么都有，一副什么都不需要的样子。

他的朋友圈里全是优质生活的标签：咖啡店、新款的电子产品、高档美食……

再配上他那与世无争的句子，比如，“接纳是最好的温柔”“一切都是浮云”“一切都是最好的安排”……

有一天，两年不曾联系的“咖啡君”突然找到我，目的很简单——向我借钱，而且一开口还是个不小的数目。

问了原因才知道，咖啡君因为追求“岁月静好”，开了一家颇有情调的咖啡馆。谁知道，经营起来并没有想象中的那么简单容易。

两年的入不敷出，父母的投资和耐心也都被消耗一空，如今他也只好厚着脸皮向朋友同学借钱。

对于同样毕业没几年的我而言，这样的同学情谊我自然会竭尽所能，但还是心有余而力不足。

于是我建议他找一份务实的工作，先攒钱、攒经验，然后三年五年之后，再去开咖啡馆也不晚啊。

他摇摇头，态度坚决得像是在拒绝一位房地产推销员，然后叹口气说：“咖啡馆已经负债累累了，而且现在我也没法适应职场了，想一想都可怕，那么多人针锋相对，钩心斗角，那哪是工作啊，简直是刑场！”

我解释道：“职场哪有你说的那么可怕啊，平常人的生活都是这样啊！”

他没再跟我争辩，只是一再地强调自己喜欢咖啡馆，喜欢那种慢慢悠悠的生活……

谈话最后也没有结论，没多久他就离开了，大概是去别的朋友那里借钱去了。

刚送走“咖啡君”，再打开朋友圈的时候，恰好看见“义工君”晒出了自己获得的某世界五百强企业的优秀员工奖杯。出于好奇，我点开了好久没在意的“义工君”的朋友圈。

这时候，我惊呆了。

争取来的学生会干部卡牌，争取来的赠品和打折物品，争取到的演唱会现场，争取到的出差机会，争取到的升职机会……

“义工君”的朋友圈堪称是一部个人奋斗史。

再想到他从山区农村出发，在草堆旁边背六级单词，靠争取来的助学金上大学，在学校里当义工，在假期打工，永远一副朝气蓬勃、不知疲倦的样子。

而且我相信，不论什么时候，不论遭遇怎样的坎坷和打击，他都会一直如此。

这两个人的成长点醒了我：唯有敢于直面生活的人，才有资格在将来说“岁月静好”。

比如“义工君”，他一直都很清楚自己的目标，并一直在为之努力。在这一过程中，他知道努力带给自己哪些好处，也知道为了自己想要的一切，必须目的明确地付出努力。他尝试过，奋斗过，所以他才有别人所没有经历过的“岁月”。

反观“咖啡君”，他一直都在自诩为“静好的人”，过着自以为是的“静好生活”，但他除了消耗父母赠予的财富和珍贵的青春之外，并没有得到岁月的任何褒奖，反倒是被所谓的“静好生活”蒙蔽了双眼，白白浪费了本该奋斗的青春。

要知道，一个人在二十几岁就已经开始想什么时候可以不努力、什么时候能休息，人生必然是会被荒废的。

2

不知道从什么时候开始，“岁月静好”这个词和这种生活方式开始在年轻人的世界里流行起来。

于是你常常能见到这样的文字：“现世安稳，岁月静好，这就是我想要的生活”“平平淡淡做自己”“简单安稳的生活，单纯而美好”……

这些话看着也没有什么不对，只是年轻人在说这些话的时候，无意间流露出一样本质的东西，那就是“懒”——毫无担当的玩乐主义，毫无建树的享乐主义。

有人说，一个人最难看的姿势绝不是撅着屁股往上爬，而是懒。我很是赞同。

换句话说，年纪轻轻的人，最让人讨厌的地方，不是穿着打扮花里胡哨，不是说话肤浅、行为懒散，而是过早地追求岁月静好！

他们不觉得害臊的是，在自己都不太明白什么是“岁月”的时候，居然敢在社交媒体上，过分用力地表现出自己根本就没有的智慧和豁达！

试问一下，你的淡定从哪里来？你的静好从哪里来？

别忘记了你昨天才跟人吐槽你的车太低档，吐槽你家买的房子像脱靶的气枪，钉在了十环以外……

是的，看破物质需求，摒弃虚荣，淡泊金钱名利，当然格调甚高，但是，你不配。因为你明明心里有渴望，可由于达不到，于是强行云淡风轻。你那根本算不上格调，顶多算是软弱。

在人类所有的品质里，最值得赞赏的是诚实与勇敢。因为这个世界总是蒙着面纱，又布满了陷阱，可贵的是：有人愿意赤裸面对，坦诚相见，勇往前行。

很多事情，你做与不做，将来都会后悔的。但你做了，你就从这个遗憾里跳出来，看到更远更美的东西。

要记住，心里长草不可怕，最好的办法是拔草，而不是骗自己：天地间本没有草，有的只是人心的贪婪。

毕竟，在一无所有的年纪里，且轮不到你来云淡风轻。

3

你才多大呢？二三十岁，还没有在职场里大展拳脚，没有为梦想一意孤行，没有看过、品尝过生活的艰辛。你的岁月薄得像一张纸。

你却说自己知道工作，了解梦想，熟稔生活，非要用铅般沉重的文字在薄薄的岁月上刻写，还强颜欢笑地说岁月静好。

你既没有沉甸甸的岁月，也不可能真的静好。

你或许才刚刚毕业，承载着家人的希望，他们期待着你去腾飞，而你却一心想要与世无争，家族的期待能否让你“静好”？

你或许恰好碰到了那个对的人，你们发誓要白头偕老，而你却浑浑噩噩，幸福的生活又怎么能允许你一贫如洗地平凡？

又或许你孤身一人，家境寻常，不争不抢地过一生也不愁吃喝，只是，看一场话剧、听一场演唱会，或者买一件心仪的衣服就会让你反复规划起支出，拮据的生活能否让你依旧“静好”？

年轻的你啊，请仔细想一想，你喜欢的那个岁月静好，是否只是表面的光鲜亮丽？你是否只是在掩盖你身上的软弱和懒惰？

如果不是，那么恭喜你，你能够在二十岁的年纪感悟出四十岁的人才有的智慧和豁达。我可以收起我的怀疑，但也希望你能够让所有在乎你、关心你的人打消对你前途、未来的担心。

但如果是，那我非但不会恭喜你，更不会羡慕你，而且还会嘲笑你，因为我已经看到十年后、二十年后的你，已经在庸庸碌碌里迷失方向、一事无成。

要知道，你为了维持这个光鲜亮丽的虚假表面，或许是比去争、去抢还要艰辛，却注定不会获得你想要的静好和智慧。因为你这么羡慕和热爱的“岁月静好”，只是你为了逃避真正的生活而打造出的借口。

其实啊，你要经历了沉浮，学会了生活，才知道岁月的滋味。

要知道，连生活本身都不敢面对的人，那不叫岁月静好，那叫迷失。

软弱的人才会着急岁月静好，而我愿你诚实面对，勇敢担当。

23

你弱爆了，才会借口多多

革命真得靠自觉。

如果你三番五次地给自己的懒、丑、穷找心安理得的借口，

那么我就只能佩服地对你说一句："真狠，连自己都敢骗！"

1

F是我在大学的同班同学，毕业之后没多久就去了澳大利亚留学。因为大学时关系还不错，他去澳大利亚之后，我们也偶尔用微信联系。他向我展示澳洲的龙虾和大海，我向他展示国产的拥挤和堵车。我以为，他肯定会留在那边。

没想到前不久，他告诉我他要回国。从他惋惜的语气中，我知道他是想留在那边的。

他说："发生了让人无能为力的事情，比如我差点因为成绩太差被学校强制退学。"

我问，“怎么会呢？你学习能力挺强的呀！”

F说：“可是我英语不好，上课经常听得云里雾里，课本和课外资料根本看不完，每次都要巴结讨好班上的学霸，求蹭答案和补习，才勉强过关。”他又补充了一句：“要是我的英语和他们一样好就好了，那样的话，学习就不会这么累了。”

接着他又提到了找工作的事。在学校里，他也打过不少工：餐馆洗盘子，连锁店送比萨，酒吧调酒……但是，对于这些他认为“低级、没技术含量”的工作，他满是不屑。

我问他：“我记得你很有设计天赋，大学时，学院活动的广告牌都是你设计的。你怎么不继续在那边找类似的工作？”

F说：“我也去面试过，可是我没有PR（永居身份，类似于绿卡）。没有身份，就算能力再强，和当地人一起应聘你还是没有竞争力。要是有PR就好了，那样的话，找个工作应该会很容易。”

F的话让我想起了他刚去澳大利亚时的遭遇，他因为和外国室友相处不好，一年内换了三次宿舍。那时候，他经常向我诉苦：“我和别的国家的人真是合不来，不管是德国人、新加坡人，还是美国人，他们都有很奇怪的规矩和习惯。要是能有一个中国人合住就好了，那样的话，就不会有这么多烦恼了。”

我突然意识到，F最喜欢用的句式是“要是……就好了”。但是，是不是真的如F所说的，只要英语好了，有永居身份了，换了中国室友，问题就都解决了？可以很肯定地说：“No。”

表面上看，语言障碍、签证、文化差异是很大的问题，可这些也是每个人都会遇到的啊！为什么有的人可以越挫越勇，但有的人却选择放弃、逃避、抱怨？还是说，你看上去是被这些客观因素给打败的，但事实上，这些客观原因只是你无能和懒惰的替罪羊？

我想说的是，二十岁前的人生是父母给的，二十岁后的人生是自己给的。别把自己的窘境迁怒于别人，那只是你想当然的理由。而当理由找得越来越无懈可击的时候，成功就离你越来越远了。

我知道，你内心的潜台词是：考不好怎么会是我的问题，是语言不好的问题，谁叫英语这么难学？找不到工作怎么会是我的问题，是工作签证的问题，谁叫绿卡这么难拿？和外国室友相处不来怎么会是我的问题，是生活方式不同的问题，谁叫文化差异这么大？

那我问你，如果突然有一天，你抱怨的问题解决了，又会有什么不同？

如果你英语突然变好了，口语表达也顺畅起来，难道你就可以一下子门门科目高分飞过，拿下 GPA（平均学分绩点）也不在话下了吗？不一定。很可能你还是和之前一样，平时不用功，到了考试才临时抱佛脚。想有出色的成绩，听懂课、看懂书只是第一步，还需要学习的自觉性和钻研探索的精神。

如果你突然有了绿卡，有了和当地人一样的竞争资格，难道你就能在招聘的层层面试中过关斩将，世界五百强公司任君挑选吗？不一定。很可能你还是和之前一样，满是不屑、孤芳自赏。绿卡只是第一步，还需要踏实、实事求是的工作态度，能快速适应环境的学习能力，随机应变的沟通技能……

如果你的宿舍突然搬进了一个中国人，难道这就意味着你能与新室友和睦相处，没有冲突和矛盾吗？不一定。很可能你还是和之前一样，我行我素。有相似的文化背景只是第一步，和睦相处还需要积极主动的沟通意愿，对事不对人的处理态度和对彼此差异的接纳与容忍。

生活中遇到的很多问题，其实根本不需要多么拐弯抹角、冠冕堂皇的借口，一句简单粗暴的“说到底，还是因为你弱爆了”就足以终结一切问题。这是一个我们不愿意面对却血淋淋的事实。

2

几个月前，公司新来了一位“90后”女生，只是没多久，她就被辞退了。原因很简单，她可以轻而易举地为自己找到“失败、拖延”的理由。

比如你问她：“这事情怎么办成这样了？太糟糕了。”她会回答你：“这事儿我第一次做，难免会考虑不周全！”

你问她：“这个设计好的方案，为什么没实行呢？”她会回答你：“我没资源，又不认识几个人，完全施展不了。”

你问她：“别的公司这么做不是挺好的吗？我们怎么不模仿模仿？”她回答你：“这事情已经有人做了，我想有点不一样。”

你问她：“新投放的广告怎么这么久还没出来？”她回答你：“这事要问财务吧，我手里又没有钱，也没有资源。”

你问她："这个地方怎么能这样做呢？"她回答你："我们以前就是这么做的啊！"

如果同事给她提建议，她要么说"我就是这样的人"，要么说"我就不是这样的人"。说完了一堆借口之后，还会在朋友圈里感慨一句："哎，命真不好。"

我真想回复她："你这真的不是命不好，是弱爆了！"

借口就如吸毒，有了一次就会有两次，次数多了，这些连你自己都无法回绝的借口就是你日渐平庸的缘由，毕竟，谁的错就该谁来埋单。

找借口是人的天性，当生活、工作中遇到问题时，人们就会下意识地给自己找一些理由。比如当你无法做好一件事时，你可能就会萌发"我就认识这么几个人，我就这么一点儿资源，怪我吗"这样的想法；如果看到另一个人成功了，你也会找原因——他们从"985"、常青藤名校毕业，他们赶上了好时候……当然，他们还有个好爸爸。

我们渴求公平，正因为世界本不公平。所以重要的不是判断是否公平，而是如何面对不公平。世界没有给我们选项的自由，但我们总有选择的自由。假如整个世界都翻船，重要的是先把自己捞出来。

别为自己的实力不济、背景不硬、口才不行找理由了。像你这种一出生就没能拿到一手好牌的人，更应该动脑筋打好手里的烂牌啊！

还有一类人，总喜欢以"我就是这样的人"或者"我就不是这样的人”来标榜自己，说出来的口气，好像自己这样的人有多么了不得似的。

说出这种话的人是很可悲的，因为当这句话脱口而出的时候，你已经用语言给自己的人生定了性。你在宣告，你这一辈子都不会做出某种改变。

很多人，即便被生活的南墙或情感的痴缠撞得头破血流，也只是原地徘徊，或者没完没了地抱怨，而不是去改变自己、强大自己。他没有意识到，是因为自己太弱，所以南墙撞不倒；是因为自己太差，所以别人会离开。

3

有个朋友跟我说：“我真的想把手机砸烂了，也许只有这样我才会下定决心看书吧！”

我回答他说：“你还有平板、笔记本呢，都砸了吗？”

他问：“为什么我会这样呢？”

我答：“没有自制力的人，有的只是欲望和本能。”

你的焦虑烦躁，你的难以自控，你的惶恐不安，都不过是你无力改变现状的懦弱表现。真正的强者是没有时间焦虑这些的，因为他们一直在追求更好的路上。也只有内心强大的人，才配得上自己想要的生活。

很多人都曾有过这样的经历，明明知道隔几分钟就刷朋友圈、刷微博很浪费时间，可就是停不下来。

才打开今天决定要看的书，就想起来要拍张照片，于是顺便发了个朋友圈，然后就走神了，在朋友圈眼花缭乱的消息、段子中忙得不可开交。直到两眼红红的，才想起来要看的书才翻开扉页。

刚才还信心满满地要学习英语口语，可一打开笔记本，就被自动弹出来的电视剧推荐给吸引了，于是丢了魂魄，跟着剧集里面的阿哥、妃子、王子们去闯荡江湖，去宫斗。等回过神来，才发现已经是半夜十二点了。

昨天还信誓旦旦地说要瘦成一道闪电，可一看到好吃的就小鹿乱撞，比见到初恋还激动。于是大吃了一顿，顺便还发了一个微博，配着类似“我要好好爱自己”的文字……

为什么有那么多人在追求“无须提醒的自觉”和“以约束为前提的自由”，最后都变成了“无须提醒的懒”和“没有底线的肥”？是缺少决心？是条件不成熟？是蒙昧无知？都不是，是缺少自制力！

你自制力不够，就会迷失，这也是很多人的青春陷入迷茫的关键。仅凭头脑发热、心血来潮的决心，是很难实现目标的。真正的自制，总是缓慢而渐进的过程，踏出任何一步都有足够的耐心，而且态度谦虚，脚踏实地。

毕达哥拉斯曾说：“自制是世界上最强大的力量和财富。”它是一种秩序，一种对快乐与欲望的控制。一个人如果不懂自制，就好比没有缰绳的野马，只会漫无目的地奔跑；就好比未经修剪的花园，必将长满野草，杂乱无章。

有自制力的人，生活对他而言是享受，是激励，是奖赏；没有自制力的人，生活就是负担，是累赘，是日复一日的受难。

于是，两者的差距会越来越大，结果就是：你从一开始的不甘人下，变成了之后的愤世嫉俗，最后只好寄希望于下一代了。

革命真得靠自觉。如果你三番五次地给自己的懒、丑、穷找心安理得的借口，那么我就只能佩服地对你说一句："真狠，连自己都敢骗！"

我们无法预知未来，而时光这种东西充满了魔性，

它也从来不会提醒你以后会发生什么，

只是看着你，像个傻子一样靠在沙发边，沉沉睡去。

24

在笼子里长大的小鸟，会以为飞翔是一种病

有见识的人长什么样呢？

我猜大概是：说话有趣，人格可信，见识高明，眼神清澈。

别自恋了，我没说你！

1

如果说一个人来到这个世上，总是会发出与旁人不一样的光，那么R身上的光必定是电焊级的，既刺眼，还扰民。

R是我的老乡兼室友，为人没有什么坏心眼，可总是一副怨气满满的样子。

比如谁要是感慨了一下新上映的4D电影效果好，R就会说：“去年我也看过一次，没什么效果啊，就是糊弄人，圈钱罢了！”谁要是说“马尔代夫的海水太美了”，R就会说：“中国也有海啊，干吗要出国？”R不喜欢国产剧，谁要是说哪部剧好看，他就会嗤之以鼻

地说：“这种剧你也追得下去？”他自己不看足球，谁要是替足球喝个彩，他就会很不屑地说：“踢得那么烂你也看？”

在R的生活里，最有意义的事情只有一件，那就是看网络小说。但你千万别向他推荐什么书，他是不会看的，而是告诉你，现在的书都是些毒鸡汤。

我突然意识到，我们身边有很多这样的人：喝过几次低端酒，就断定洋酒不好喝；读过几本烂书，就信了读书无用论；见过几个物质女孩，就说所有的女人都爱财如命；失恋了一两次，就判定世界没有真爱；升职没他的份，就说是别人有关系……

在这样的人心里，世界是灰暗的，人心是卑鄙的。可他们既不认宰，又不会防。自己过得消极，还“努力认真地”把这些消极情绪传播出来；自己的日子过得昏沉、无趣，还把身边的环境也搅得昏天暗地。

你自己的心里空无一物，你才会寂寞；你什么都不相信，你才会绝望。这世界并非不好，也远没有你说的那么糟糕，只不过是你未曾见过好的罢了。

你每天活动的区域仅限于你所在的小区，那么你怎么判断别处没有好公园和运动会所？你的词汇量只有一百，你又如何理解得了词汇量达到一千的人所描绘的世界？我的建议是，当你在判断某件事不好、没希望、没结果的时候，当你在判定某个人不善良、没前途、不可靠的时候，请先反思一下自己，是不是因为自己的见识太少，或者看东西的层次不够？

如果你仅仅凭借自己那些浅薄的、低层次的经验和认知，就去做出一脸成熟的评判，对结果、对真相都是不公平的。

只有当你攒够了见识，你才有资格否定。只有你见识多了，你才会意识到世界比你想象的要大很多，你就不会蜷缩在自己的小圈子里发霉。

年轻的时候，你应该多给自己一些机会，去寻找人生的种种可能，去发现不同寻常的生活乐趣。在走出你的圈子之前，你尤其需要警惕那些禁锢和限制你的“稳定”的选择。年轻时的折腾是每个人的必经之路，因为没有人一开始就知道自己要什么，或者适合做什么，你总得经历了、尝试了、体验了，才能慢慢了解自己。

难怪有人开玩笑地说：“高中毕业的觉得自己可以建功立业，本科毕业的觉得自己可以做一番事业，硕士毕业的觉得自己可以成家立业，博士毕业的觉得自己难得毕业。”

人生是一个打开再合拢的过程。年轻的时候只有打开自己的人生，拓宽自己的视野，看到生活不同的可能性，才会明白什么样的人生是自己最想要的。

人生的旅行最惨的事情是：你都快到终点站了，还没明白自己为什么要上这趟车。那我只能对你说，上天在往人间喷洒智慧的时候，你肯定是打着伞！

2

翻朋友圈的时候，无意中看到了小松的一条信息，他写道：“生活对我充满了敌意。”小松是我的师弟，是个积极阳光的男孩，所以我看到他发这样的话，很是吃惊。一经询问，才知道是受了情伤。

小松有一个女朋友，在一起已经三年多了，几乎快到谈婚论嫁的阶段了，前阵子居然分手了。分手的原因也很狗血——女朋友劈腿了，而且劈腿的对象是小松的好哥们儿。陷入伤感情绪中的小松很久都没有走出来。

我对他说：“把那些展示你脆弱的信息都删了吧，都过去了！”

小松回复我：“可我好恨！人心都这么邪恶吗？我可是把他们当作最亲密的人！”

我说：“不是人心坏，是你见识少，所以你就分不清好人坏人，分不清感情的真伪；你见识短，你就会困在里面，就会消极迷茫。”

我继续说：“其实你最大的损失不是失去他们，而是你用这些过去绑架自己的未来。别人是辜负了你一段情感，你却辜负了自己剩余的时光。”

不多久，小松就把那条朋友圈删掉了。

电影《非诚勿扰》里有段经典台词：我走遍了祖国的大好河山之后，我总算想明白了，失恋不可怕，有眼无珠不可怕，看不清人不可怕。可怕的是你拿着一堆垃圾非要当成潜力股，还捧在手心里使劲地惋惜。这就跟你得了流行感冒一样，难过之后需要增强的是免疫力，而不是一边痛苦，一边非要作践你自己。

失去一个人，真的不是世界末日，顶多算是加长版的重症感冒，此刻你觉得再难受，在时间的呵护下，病还是会好，伤痛还是会散去。所以，你要相信你还会有爱人的能力，在这摸爬滚打中，你会更明白爱。

想要把自己从绝望的情绪里拯救出来，你最终还得靠自己。没有人能够带你走出一场浩劫，自怜是最没有意义的。自怜能说明什么呢？除了你什么都想要的贪，还有你鼠目寸光的懒。

恋爱时最可笑的事情就是，他才陪你去了一次公园，给你做了一顿饭，跟你说了一句晚安，他就成了“对我最好的人”了。失恋时最滑稽的一句话就是：“我再也遇不到对我这么好的人了。”哪有那么多“最好的人”？你才见过几个人？

所有初始时就觉得惊艳的感觉，都可以归结为见识少。

其实，世界没有你说的那么荒唐，也不会太好；感情没有你鄙夷的那般不堪，也不是那么美妙。如果你总是沦陷在悲伤的井底，你就看不到外面的美好；如果你总是把自己锁在幸福的幻觉里，你就看不出现实的残酷。

当你往后站一步，以更大的视角看整个人生时，你就会发现，从前和以后遇见的人都很多，总得经历几次，才能成熟一些。毕竟离开的只是风景，留下的才是人生。

怕就怕，你既看不到希望的岸，也观望不到幸福的岛屿，而只好任由自己溺亡在伤心的海里。我想提醒你的是，生活是个冷漠的编剧，它不会因为你多给自己加了悲伤的戏份，就多付给你片酬。情场本就是一场血流成河的战役，你最该关心并思考的是前方的路该如何继续。

你呀，年纪也不小了，该干吗干吗去，别一头扎进那些美丽的忧伤中，一边拼命往里钻，又一边喊救命。

失恋也好，挫败也罢，真正摆脱它的方式不是躲避，不是试图忘记，更不是丑化，而是接受。它已经发生了，你从它那里汲取完经验，给它鞠个躬，你就要赶赴下一段旅行。

只是一起走过一段路而已，何必把怀念弄得比经过还长？

3

我有一阵子特别迷法律，便在微信里加了几位法律专业的大学生，小李就是其中一位。然而，这位在朋友圈里晒了无数张个人帅气写真的男孩的签名上赫然地写着："毕业了绝对不做律师，绝不干那种替恶人维权，帮坏男人办离婚案的事儿。"

我就发微信给他："你见过律师替恶人维权，那你也该知道还有很多是替弱者维权的啊。你见过律师替坏男人办离婚，那你也该知道很多被家暴的女人需要维权啊。"

他回复我："你说的是少数，多数情况下，是恶人、坏人才有钱请律师，还请的是大律师。我以后当律师，无非是两种结局，一种是被迫替这帮坏人打官司；另一种就是帮弱者打官司，然后不得不面对一帮成精了的大律师。那还不如不干了。”

我说：“可你学法律，不就是为了匡扶正义吗？”

他说：“你这种想法太奇怪了。”

我没有再跟他聊了，因为我心里知道，他对这个社会的认识已经有了固有的判断。这样的人，也确实没什么可聊的。就好像，某个人硬要说一加一等于三，你只会感到怜悯，而不是愤怒。

后来我把这事儿跟一位老师说了，他的话我一辈子都忘不了：“在笼子里长大的小鸟，会以为飞翔是一种病。”

生而为人，我觉得你至少要有一个起码的智商底线：你可以不是那个最有见识的人，但千万千万，不要成为最没见识的那一类。

圣哲曾说：“识不足则多虑。”意思是说，如果你的见识不足，就会难以决断，接着就会思虑过度，担忧狐疑，没有安全感。所以有时候，多思多虑、惶恐不安的生活并不是外界给我们的，而是你自己见识少造成的。

年轻的时候，最应该比的是见识，而不是相貌、财富、地位……见识越广，计较越少，经历越多，抱怨越少。反之，越闲，越矫情。当你的见识多了，自然就会视野宽广，心胸就会豁达，你特有的一些弱点便会淡化，而优点会慢慢突出。

见识多了，你才不会随意评断一个人，不会受限于一段扭曲的感情。你就会明白你最需要的不是敌人，而是机会，以及只要努力就能够获得的更好的环境；你就会理解世界的不公平，会接受失去，会知晓努力的意义，并开启新的旅程。

见识多了，你就会明白，这世界上所有光鲜亮丽的背后，都透着无比的寂寞；所有幸福美好的获得，都事关经历和懂得。

有见识的人长什么样呢？我猜大概是：说话有趣，人格可信，见识高明，眼神清澈。

别自恋了，我没说你！

25

你可以爱慕虚荣，但一定要靠自己

虚荣最大的问题，不在于“荣”，而在于“虚”。

换言之，追逐荣光并没有错，错在不懂自强。

1

去韩国留学才一个月的阿诚突然发微信给我，他说：“这里的人都疯了！”

我惊诧，忙问他遇到了什么怪事。他说：“我到韩国才三十几天，班级里凡是打过照面的人都骄傲地告诉我整过容。再说昨天，一小姑娘兴奋地告诉大家，说她妈妈给她的生日礼物是一笔钱，专门用来整容的；没一会儿，另一个男生也说周末要去修个鼻子，钱是他一个夏天打工挣的。你说他们是不是都疯了！”

我调侃他说：“你鼻子那么矮，要不也去垫一下？”

他说："你才鼻子矮！我才不要像他们那样，太爱慕虚荣了。"

我说："爱慕虚荣怎么啦？人家托尔斯泰说了，没有虚荣心的生活是不存在的。谁不爱慕虚荣呢？"

还是拿整容来说，我们身边整容的人越来越多，也许你曾暗地里嘲讽这些人"爱面子、虚荣、弄虚作假"，但你要接受另一个现象：有一些整过容的人，气质举止也跟着变好了。

你可以花一笔钱把自己变成如花似玉的姑娘，或者魅力十足的美男子，这很容易。难的是变好看之后的事儿。既然你有勇气接受伤筋动骨的手术，有能力接受劳民伤财的修复，那么你就要让自己配得上这张精致的脸才行。你的穿着打扮要跟上，行为举止要跟上，谈吐仪容要跟上，而且还需要长期的维护。其实，长相只是一个框架，搭起来很容易，可里面的内容，最需要费心费力。

虚荣心很可能会促成你的一个目标——做一个更美、更有内涵、更有能力的人。也许你目前和这个目标有一些差距，但如果你努力去满足自己的这份虚荣心，你就会越来越接近这个目标，那么最初在别人看来是贪慕虚荣、弄虚作假的事情，最后也就成真了。其实重要的不是真假，而是你最终在这个目标上面花了多少时间。

换言之，不怕你假，不怕你背负着虚荣之名，怕的是你没有配上目标的精气神——把假的变成真的的勇气和耐心。

很多人都对"虚荣心"进行过口诛笔伐，最典型的口气是："虚荣是一只妖，迷惑了多少人，生出了多少事，平添了多少烦恼，没人说得清楚，也没人摆脱得了。尤其是不愁吃、不愁穿、更注重精神享受的年代，虚荣这只妖，只会蛊惑人越来越心浮气躁，越来越迷失自我。”

那我问你，什么叫“不愁吃、不愁穿”？饿不死、冻不死算吗？什么叫“注重精神享受”？安稳地穷着？自私地懒着？

不是这样的。虚荣是人的天性，是避免不了的。但满足虚荣的方式，却能够决定一个人的等级。人性的高贵，不在于没有欲望，而是我们会用正当的方式去满足。如果虚荣的能量把你变得更积极上进，它便值得我们骄傲。

我觉得，一个人爱慕虚荣，但有满足自己虚荣的能力，就不可怕。怕就怕，你既虚荣，又懦弱，还懒惰。然后你就会被你的虚荣挟持，对工作挑三拣四，对感情犹犹豫豫，对生活缺失热情。你就会把自己的游手好闲同理想主义混为一谈，就会把自己的患得患失和温雅含蓄混为一谈，就会把自己的好吃懒做与淡泊名利混为一谈。

阿城问我：“你说，这么爱虚荣，会不会遭报应？”我回复他：“当然会了，但你若是真够虚荣，并且愿意努力，那虚荣的‘报应’就是名利双收，倾国倾城！”

2

婷是我朋友圈里最时尚的姑娘，没有之一。新款的服饰、前卫的装扮和炫酷的发型，婷隔三岔五地就会秀出自己的改变。如果哪个品牌出了新款包或者电子产品，她总是最先拿到手。你可别以为她是模特或者演员之类的，都不是，她就是一位杂志主编。也别把她与不正常交易联系到一起，这些新潮的东西，她自己都负担得起，因为她主编的杂志销量可以排进全国前五。

但在六年前，婷却是另一副模样。那时候的她刚刚从大学毕业，到一家发行量极低的地方报社工作，周围的同事是一堆四五十岁的大叔大妈。不管婷多么想认真努力，却始终提不起精神来。直到有一天，一位叫珍的姑娘出现，事情就变样了。虽然差不多是前后脚进的报社，可珍却有着婷羡慕的优越感，比如新潮的衣服、鲜花礼物、升职加薪，反正好东西都是珍的。

这给婷造成了极大的心理阴影。凭什么珍有那么多男生表白，凭什么珍那么快就升职加薪，而自己还是一穷二丑？凭什么珍总在用最新的电子产品，而自己只能和一部手机继续“长情地告白”？凭什么珍每次都穿着又潮又前卫的衣服，而自己像是活在“90年代”？

婷在朋友圈里写道：“在那段老天没睁眼看我的日子里，支撑我往前走的，除了亲朋好友的鼓励，还有一股在心底慢慢发酵、慢慢膨胀的不甘。”对啊，既然总有一个人能成功，总有一个人被重视，总有一个人要在人海里闪耀，那为什么那个人不能是自己呢？

婷知道自己一无所有，她也知道自己想要什么，既然生活没打算友情赠送，那她就只能用汗水去换。

婷心里明白，她需要一些能让自己认为“很了不得”的东西，以此来抚慰那段暗无天日、一事无成，又不得不咬着后槽牙坚持的日子。那些东西会鼓励自己、犒劳自己。

后来，婷也开始尝试用更好的护肤品，穿更好的服饰，一步一步满足自己的虚荣心。她渐渐发现，为了追求更好、更美的生活，她的虚荣心在不断膨胀的同时，随之膨胀的是野心、努力和实力。

人的骨髓里堆满了惰性，要想趁早过上自己羡慕的生活，要想快点成为自己嫉妒的人物，你真的需要一股石破天惊的力量。但那种“勤勤恳恳建设美好人生”的正能量，远不如带着一股酸气的“凭什么别人可以，凭什么我不行”有用。

我从不觉得有虚荣心是件彻头彻尾的坏事，但我要强调的是，虚荣心要以正当的手段来满足，这就是“靠自己”。自己喜欢的东西，就自己努力挣钱去买，刷自己的卡，过自己的日子，谁还有资格鄙夷你呢？那个有底气、有能力的你又怎么会在乎别人红着眼睛评论的“虚荣”呢？相反，心里会很美吧！

怕就怕，你一边羡慕别人，一边又嫌弃别人虚荣。你羡慕别人光彩夺目的生活，又不愿意为此付出努力，只好摆出不屑一顾的姿态，酸酸地丢一句：“真虚荣！”

实际上，每个人都会有嫉妒别人、羡慕别人的时候，而年轻的心会相对更窄一些，所以看到别人有，自己也想要。你不甘心在一个五光十色的年代里做一个默默无闻的看客。当你知道为什么而活，就可以忍受任何一种生活。

正是这些嫉妒，这些“我也想要”的虚荣，引领着你一步步走出了那段昏暗的日子，让你一步步强大起来。如果没有不甘心，没有妒忌，你就不会在意自己的不完美，不会在意别人长得美，那么你大概只会继续原地踏步吧。

当你有能力去满足自己的虚荣心的时候，你就一点儿都不会觉得这份努力辛苦，也不会后悔当时为什么把无忧无虑的日子过得那么“苦大仇深”。因为当你再往回看时，你会清晰地发现，如果永远对自己满足，永远只求活得安稳妥当，那么就永远不会有想拼的劲头和改变现状的野心。

3

小时候，老师教育你：“虚心使人进步，骄傲使人落后。”可后来你发现，虚心的你一直都是成绩平平，倒是那些骄傲的、不可一世的男孩子女孩子最后考上了清华北大。

工作前，前辈一再叮嘱你：“别出风头，要稳重。”可后来你发现，不出风头的你根本就没有出风头的机会，反倒是那些敢于表现、妄自尊大的家伙出尽了风头，在职场上平步青云。

生活中，无数人在提醒你：“要谨慎地活着，要低调地活着。”可后来你发现，谨慎低调的你只能过一种无所事事的生活，倒是那些高调的、热闹的人把日子过得风生水起。

虚荣心不是一个贬义词吗？可为什么那么多爱慕虚荣的人都过得比你好呢？

问题的答案就在你如何对待虚荣心。小时候比谁的书包好看，比谁的玩具多，长大了比谁挣得多，比谁的恋人好看；在外面，比谁家房子地段好，谁家资产多；在公司里，比谁的工作质量高，谁的工作效率高……这些攀比产生的虚荣心会伴随你的一生，但谁都明白，在这些攀比中获胜，无异于赢得了一场战役的大胜。

坦白地说，当你在这些比较中获胜的时候，当你被老板夸赞的时候，当你发现自己的女朋友是小伙伴里面最好看的时候，你难道不会内心狂喜吗？当然了，也有那种心无旁骛的世外高人。但我相信，绝大多数人是很享受这种虚荣的。马克·吐温不也说了："给我一句赞扬，我能很好地活两个月。"

虚荣心就是希望在别人眼中，自己是优秀的、是成功的、是富贵的。这和王朔给成功下的定义不谋而合，他说："成功是什么？不就是自己有点儿钱，然后让一群傻子知道！"

张爱玲也有过类似的论调："装扮得很像样的人，在像样的地方出现，看见同类，也被看见，这就是社交。"

那么你呢？情绪低落时，备感无力时，自甘堕落时，安于平凡时，也请你多翻翻那些时尚杂志和高端的生活书刊吧，看看那些衣着光鲜的帅男美女，看看那些琳琅满目的奢华饰品，看看那些昂贵的车子、房子吧，然后，唤醒你那沉睡已久的虚荣心。

最后要提醒你的是，虚荣最大的问题，不在于“荣”，而在于“虚”。换言之，追逐荣光并没有错，错在不懂自强。

毕竟，这个世界是不公平的，不管你是谁，在哪里，你都会感受到一种落差。这时候，虚荣心会刺激你，它让你对“攀比”上瘾。可正是有了攀比，你才会进步！

虚荣心会像抽在你身上的鞭子那样提醒你：“为了别人瞧得起我，为了我能穿上漂亮的衣服，为了能够娶到自己喜欢的姑娘，为了开上好车、吃上好饭，为了过上足以显摆的生活，我得拼呀！”

愿你能成为一个更好的人，永远不被自己的性别与年龄所羁绊，无论到了什么时候，都永远有人爱你，爱你的刚毅、勇敢，也爱你的骄傲、你的虚荣。

26

心若没有栖息的地方，到哪里都是流浪

很多二十几岁的年轻人，
身强体壮，但灵魂还没断奶。

1

G 是我的学长，已经二十九岁了，在一家小型的杂志社里做编辑，爱好拍照的他养了一堆的花花草草，在朋友圈里，经常能看到 G 的摄影作品。

我问 G："你照片拍得这么美，怎么不去做专业的摄影师啊？我记得你大学时候的梦想就是当摄影师。"

G 回复我一个叹气的表情，接着说："一个人生活在这城市里，为了填饱肚子就已筋疲力尽，还谈什么理想？"

我愕然，也很心疼。想当初，G 为了买一个广角镜头，可以做三份兼职；为了拍日出，他可以凌晨两点半就从寝室出发，一个人爬到学校后山的顶上候着；为了能有一个锻炼自己摄影技术的机会，他免费为一家摄影工作室当器材搬运工，一做就是八个月……那时候的G是我心目中的英雄：有梦想，不怕累，敢折腾。

可一毕业，当G抱着一堆自以为得意的照片，挨家挨户地为自己的梦想找一个容身之地时，他得到的是拒绝，是接二连三的失望。

你知道，失望这种情绪从来都不是铺天盖地的，它只会积少成多。当失望累积到一定程度，梦想的飞船就会不堪重负。

再后来，G陷入了严重的自我怀疑之中，唯一值得庆幸的是，他写得一手好文章，于是便在一家杂志社里落了脚，生了根。只是我怎么也接受不了，当初那个不怕折腾的人，怎么会变成如今的平凡模样？

突然想起了北岛的诗：“那时我们有梦，关于文学，关于爱情，关于穿越世界的旅行。如今我们深夜饮酒，杯子碰到一起，都是梦破碎的声音。”也许说的，正是G这样的人吧！

我们总是记不住，当初握紧的拳头，是什么时候松开的。比如，曾经说过要去远方，找梦和诗，如今却还站在原地，只是惆怅地看着北鸟南归；曾经是那么崇尚自由，如今却甘愿困在了温柔乡，只能羡慕别人的“说走就走”；曾经信誓旦旦地说要给亲人优越的生活，如今却把自己扔在人海里，过着随波逐流的生活……

原来，我们以为长得不得了的“一生一世”竟是这么短。所以，在命运的大海里，在你能够畅游、能够翻腾的时候，你就要尽快、尽情地游向你的梦想岛，因为你不知道什么时候会有一场风、一道浪卷走你所有的希望。

很多二十几岁的年轻人，身强体壮，但灵魂还没断奶。

这样的人容易被某种鲜艳的东西吸引，可跟着它才走了几步，因为追不上，就认定这个东西不属于自己。于是他们失望、抱怨，像个无助的孩子一样赖在地上撒泼，还逢人就说，是生活欺骗了自己。只是他们忘了，没有坚持的梦想，只是梦和想罢了。

年轻的时候，每个人都有梦，一个个缤纷美丽的梦想，像一个个晶莹剔透的泡泡，一道道迷离而绚烂的彩虹，在那些无忧无虑的岁月里熠熠生辉，美好得让人不忍移开眼睛。但随着年纪的增长，现实像一群饥饿的野兽袭来，它疯狂地啃食着我们的梦想，残存的是伸手不见五指的迷惘。慢慢地，我们便在这片迷惘之中闭上了眼睛，陷入了暗无天日的沉睡之中。但实际上，只要你有勇气在迷雾中坚持往前走，那么属于你的风景早晚都会出现。

所谓坚持，就是犹疑着、胆怯着、畏缩着，但还在往前走。

最喜欢三毛的这句话：“一个人至少拥有一个梦想，有一个理由去坚强。心若没有栖息的地方，到哪里都是在流浪。”但愿，在世界任何角落的你，在夜晚哭泣或失落的你，在白天拼命努力的你，所作所为，都是基于“知道去哪里”！

毕竟梦想终归是好的，它会给我们指引和勇气。纵然实现梦想的道路会有曲折，但谁的圆梦之路不是这样呢？坚持了，熬过了，你就不一样了。

我更想说的是，当你有了想做的事，你就有了痛点，有了软肋。换言之，你一旦有了梦想，你就成了上天的人质。但是你还是要心甘情愿地做人质，因为努力终究会拯救你，而你，终究会得到上天赐予的奖赏。

2

有这么一个故事，一个年轻人去欧洲穷游，路过巴黎街头的一家商店，年轻人被商店里的西装、领带、皮鞋吸引了，他试穿了一下，瞬间就被镜子里那个光鲜亮丽的自己吸引住了。可当他一看价钱，就绝望了。这一身衣服的价格等于他余下一个月旅行的花销。

年轻人很苦恼，他给自己列了两个选择：一个是马上脱下来，然后离开；一个是等几年，有钱了再买。可就在他准备脱的时候，脑袋里突然冒出了几个问题：余下的一个月不是还没到吗？也许再等几年自己还是买不起呢？于是一跺脚，一咬牙，他就买了。

然后呢，穿着时尚的年轻人就不得不为生计想办法，他很快就找到了商机——他帮酒店的老板去火车站招徕客人。凭着时尚的打扮和文雅的谈吐，年轻人很轻松地就完成了酒店老板给的任务。再后来，年轻人不仅赚足了旅行的钱，而且开始经营自己的酒店。自那以后，年轻人一直都在遵循一个原则：“想要什么，就马上去要，因为世界上再也没有比‘计划’更可笑的了。”

很多人的一生都在做准备，比如当我赚到足够多的钱，就去过自己想要的生活；等我遇见了想爱的人，就去付出真心。我们总是习惯性地给自己前提条件：“一旦我……，我就……”看起来是因为穷，因为运气不佳，实际上是因为懒，因为胆怯，因为懦弱。

如果你总是欣然地接受生活的种种安排，又有什么资格向命运索要厚爱?

有很多人，一直在否定自己的梦想，甚至是嘲笑自己的梦想。在这样的人看来，岁月并没有给他实现梦想的条件，而是让他找到了“无法实现梦想”的种种原因。

换言之，这是一个什么都缺，唯独不缺梦想的年代。

“梦想”一词，似乎已经很廉价了。你跟别人说梦想，别人只觉得你幼稚、天真，只有你摆出一副端正麻木的大人面孔，不再做不切实际的梦，别人才觉得你成熟、靠谱。

于是很多人，一边在偷偷怀念当初那个美轮美奂的梦，一边又笑话自己是在异想天开，好像这就能显得自己成熟懂事似的。可你想过没有，连你自己都笑话自己的梦想，又怎么可能实现得了呢?

人人都有梦想，然而有的因困难而退缩，有的因失败而气馁，又或因懦弱而放弃。当你不敢追求梦想时，你的人生只能在原地踏步。

如果你明知道自己有很多想要去做的事，但总是说一句“睡一觉再说”“等明天再说”“等下次再说”，那么恭喜你，你已经成功地避开了实现梦想的种种可能。

你知道努力很重要，可落实到行动上，早起变得很难，读书学习变得很难，那么我能说什么？继续睡吧，把闹铃关掉，反正你又起不来；把计划表都撕掉吧，反正没有一项你能坚持得下来。

你知道瘦下来很美好，可落实到瘦身上，节食变得很难，运动太累了，素食太难吃了，吃不饱就更懒了……那我能说什么？继续胖吧，把跑鞋、健身卡都扔掉，反正你又用不上！

常常听见有人说：“为什么我们听了这么多道理，却依然过不好这一生？”说到底，是“道理你都懂，可是你什么都没做”。什么时机、运气、规划，你想明白一万遍，也不如动手做一点点。你呀，最大的问题是读书不多，但想得太多。

我想提醒你的是，如果你没有为梦想奋不顾身的勇气，那就请你接受平庸无奇的人生。这只是一种选择，没有任何错。毕竟，在这个和平年代，百分之九十九的人都能依循着求生本能过完这一生，这根本就不需要努力和好运气。

3

有句很受欢迎的鸡汤文说：“世上所有美好的东西都是免费的。”我想告诉你，真正美好的东西不仅不会免费，而且还很贵。

比如你想要去巴黎，坐在街边的咖啡店里，吃着牛角面包，翻阅报纸，一待一上午；想去塞纳河边，请街头画家给自己画一幅画像；想去罗马，在许愿池里扔硬币；想去凡尔赛宫，在镜厅里看无数个自己；想去撒哈拉沙漠，和驼队一起走个三五天。再或者，你希望有座大房子，有巨大的落地窗，有通顶的书橱，有种满鲜花的阳台，有满墙的旅行照片。

可是我想提醒你的是，你想要的平淡里有花不完的钱，住着舒服的大房子，有漂亮的衣服，有爱的人……可你凭什么轻而易举地拥有呢？这里的哪一样不是要拼了命地去奋斗？

你想做什么，就去试试。不要满是怀疑地去咨询别人，要知道，那些告诉你不行的人，是因为他们自己做不到罢了；更不要太早地昭告天下，因为梦想是一个说出来就显得矫情的东西，它是生在暗地里的一颗种子，只有破土而出，拔节而长，终有一日开出花来，才能正大光明地让所有人都知道。在此之前，除了坚持，别无选择。

现实中，有很多人想要归隐田园，搬到自己喜欢的城市生活，在城市郊区开一间小小的民宿，或者开一个小小的咖啡馆。但是，在那之前，需要你拼命努力、拼命奔跑。当你积累好足够的人脉、足够的经验，以及足够笃定的心态，你才有可能“以自己喜欢的方式去生活”。

这就是说，你想去流浪，可以，但请你带着一技之能；你想要自由，可以，但请你先拥有让人看得起你的本事；你要爱情，可以，但请你带着拿得出手的承诺；你想要圆梦，可以，但请你付出足够的努力。

你总得有养活自己的本事，才能不用看别人和命运的脸色，才能有说走就走的旅行。

有太多的人，什么都没干，就什么都想放弃。张嘴一来就是安享平淡，其实都是懒惰者的说辞。

比如有人认为，“无论是工作还是爱情，一定要适可而止，最好是选那种不那么喜欢的，因为这样，即便没做好，即使没结果，也不会太难过”。我想说的是，持这种想法生活的人是可悲的。因为他肯定没有体验过发自内心地爱一份工作、爱一个人所带来的满足感和幸福感，他也永远无法理解，当你在做自己喜欢的事情，爱自己喜欢的人时，所付出的一切时间和精力都是心甘情愿，是甘之如饴的。

坚持梦想，本就是用汗水和命运进行一场你情我愿的交易。它既不公平，也公平。不公平是因为也许你努力了，却依旧一无所有；而公平在于，你和所有人一样，有实现梦想的机会。

最后我想问的是，当初那个因为怀着梦想而对未来充满期待、对生活充满热情的人，如今你还好吗?

27

你想要的安稳，可能是在否定生活

不要二十几岁的时候，活出了五六十岁的疲态；
不要在本该奋斗的年纪，选择了安逸。
平庸或者卓越，都是经由你允许才发生的。

1

小蕾给我打电话的时候，已经是下午四点了，她的语气很着急，她说她有几个重要的问题想当面问我，就约在了最近的咖啡馆里。

小蕾是一个二十三岁的姑娘，和所有大学生一样，四年的大学生涯过得平凡无奇。临近毕业了，才开始着急找工作，可实际上，她自己都不知道自己到底要做什么。

她说："我感觉自己没有梦想，只想过些安稳的日子。工作轻松，不用加班，没有竞争。我这样的想法有问题吗？"

我说："问题大着呢，你才二十三岁，怎么这么早就想要安稳呢？"

她猛喝了一口咖啡说："我知道我年轻，可是我还是想过安稳的生活，毕竟乐得逍遥啊。"

实际上，我一点都不惊讶世界上有年纪轻轻的人想要追求安稳的日子，因为对他们来说，生活的价值不在于探索，而在于安安稳稳地走完人生路。

我又问她："那你家里人是什么态度呢？"

她说："爸爸说公务员好，姨妈说老师好，他们的共同理由是，因为稳定。他们说我一个女孩子，既承受不起买房买车的压力，也不应该夜深人静了还在公司里熬夜加班。所以，安稳地过自己的小日子，也挺好的。"

我摇摇头，没做评价，她见状，问了一句："那么你呢，当初你的父母没有让你过安稳的日子吗？"

我笑着说："当然也建议过，但是我每次都会回答他们，精彩的生活本来就是需要一次次尝试、一次次跳出舒适安逸的圈子啊！我可不想在二十几岁的时候，就看见自己五十来岁的样子。"

我清了清嗓子，很认真地对她说："这世上有只愿意活得安稳的人，可那不该是你。如果你了解自己——不是那种可以喝着茶、翻着报纸、打着麻将就过一生的人，那趁着你还年轻，还有得选，希望你也和我一样，永远不要选择什么稳定！"

她愣了一下，然后很认真地点了点头。

其实，"安稳"的心态废掉了很多本该有机会、有能力、有信心去打拼的年轻人。长辈们的好心总是在有意无意地替"稳定"说好话，可是他们并不太明白，子女才刚出校门，还没开始奋斗，就念着安稳。那么此时的安稳，不过是平庸的一个说辞。

你以为清闲带来的安逸是福气？实际上，它剥夺的是你对未来的期待，割断的是你与世界的距离，它让你的心胸日渐狭窄，也会让你对人生越来越怀疑。

不论是对固执的亲人，还是偷懒的自己，你都得学会反驳：“我才不要过这种一眼望得到尽头的生活”“这种工作做到六十岁估计也还是这个样子”“再待下去，我就会变成白痴了吧”……

在一家看起来永远不会倒闭的单位，和一群“无趣而友好”的同事们坐在一起，等到六十岁光荣退休那天，也不过是换了容颜。每每想到这里，你有没有惊出一身冷汗？试问，这样的青春，有什么好留恋？

实际上，那些能够在安逸的时候仍对自己下狠手的人，换个环境也能风生水起。一开始就想着要稳定的人，选择的其实并不是稳定，而是停滞。很多坏事情就是从此开始的。

真正的安稳是历经世事之后的淡泊，你还没有见过世界，就想隐居山林，到头来只会是井底之蛙。

2

不知道从什么时候开始，“少年老成”这个词语成了夸赞新一代年轻人的代名词，就好像一个二十多岁的青年人，拥有了五十岁人的淡定从容和对这个世界的无奈后，会让这个世界变得美好很多似的。

我们也经常会听见年轻人发出了和老年人一样的感慨，比如：

“这个世界就是这样，你改变不了，你放弃吧。”

“这个世界就是这么黑暗，你没法改变，你只能去适应。”

“存在就是合理的啊，有白自然就有黑。”

你看，那么多人像是中了社会的毒一样。在他们身上，看不到任何激情和是非观，全是一味地妥协，而不管这个世界传输给他们的是好，还是恶。

王朔曾经诙谐地对年轻人说：“唯一让我欣慰的是，你们也不会年轻很久。”而我最想说的却是：“让我感到可怕的是，有很多人从来就没有年轻过。”其实，这个世界在大部分时间里是不认可年轻人的，它觉得年轻人只有“年轻”这个资本，便开始用各种方法去“威逼利诱”年轻人，磨砺他们的锐气，让他们将世界的恶意理解为世界的本质。

事实上，有没有得到世界的认可没有什么，要紧的是你自己的选择，要紧的是你要为自己所做的选择负责。

所谓负责就是，不会将心中的后悔迁怒于别人。当生活工作中的枯

燥变成你面临的无助时，当你偶尔抬起头来发现自己面容衰老却一事无成时，你得自己承担这些后果，因为这都是“安稳生活”的赠品。

希望你明白，你以为的稳定其实就是没有竞争、没有压力，到点发工资，同事平和，与世无争。在这种安逸里，你渐渐变成了一个对工作毫无要求的人——反正那点工资，到点就发，分毫不差。

可是终究会有腻的一天。两点一线，连上班路上垃圾桶的位置都能背出来。这种枯燥的工作让你开始怀疑人生，这时候，你年少时的梦想才开始蠢蠢欲动。

残忍的是，朋友圈的同学已经游完了迪拜，你羡慕的不是他的纸醉金迷，而是他比起你来，似乎是不用听一辈子没出过自己圈子的人讲些莫名其妙的鸡毛蒜皮和娱乐八卦……

圣哲们说，草儿是一生，繁花也是一生。反正，春光都是一样的。草木的悲喜在于，是否苏醒，是否装睡。

怕只怕，你明明不喜欢安稳，又不得不过这样的生活，最后只能咬牙佯装自己很喜欢，再用一些虚假的“安稳”之词来骗自己。

“只想过点安稳的小日子”，那是因为年轻的你，早早就开始惧怕努力后仍然过不上想要的生活吧？

3

很多人喜欢稳定的生活，而结果呢，是很多人最终只能稳定地穷着！

其实，我们最需要稳定的，不是生活环境和职位，而是能力。这个世界上，没有任何职业可以让人躺着睡大觉，或者从此不去学习、不去钻研、不去认真就成为一个“在其位、谋其政”的人。

有人说：“我好害怕，十年过后，我会在这个城市混不下去。”我想对这样的人说，那你就去看看，成功的人到底是什么样子的。在那些动荡的生活里，他是如何稳定下来的。

在这里，我可以给你描述个大概：

一开始，他是公司最肯吃苦耐劳的人，早出晚归，干一切别人不干的事；后来，他是公司最肯动脑子的那一个，他日夜思考，成为最辛苦的那一批人——他像杂草一样在这个城市野蛮生长。他的狠劲，使得身边的人也丝毫不敢松懈。因为稍不注意，就会落很远。

终于有一天，他的人生像是开挂了。每天手机响个不停，仿佛业务就那么自动找上门来。他开始有时间和朋友出去喝下午茶，顺便谈谈工作，有钱有闲还有自由，成为那些同学眼里羡慕的人。你看，属于他的稳定时代到来了，而这一切，缘于他稳定的能力，使他到哪里都能找到吃饭的资源。

还有一类人，也自称“不安于稳定”。他们总是四处宣扬“我要出去闯闯”。于是，有的在不停地跳槽，有的烂在一段又一段要死不活的恋爱里，更多的是，在大城市里混了几年，除了学得更会花钱了，其他的毫无长进。

对于追求稳定的人而言，命运就像只猫，它满怀爱意送来的礼物却是只死耗子，你只能欣喜而沉痛地收下，这也注定了你的生活是无趣的。

对于不安于稳定的人而言，命运更像是只狗，它把给你的礼物都埋在了地下，就看你有没有去找的勇气和坚持刨下去的毅力。

女孩子，在最好的年华，别任性，别浪费，别把最好的时间押宝给一个男人。男孩子也是一样，别把未来交给父母，而应该把最好的时光投资给自己，有一技之长。至少要具备随时能离开任何人、任何体制的能力；至少有一个健康的体魄、融洽的朋友圈和精神上的追求。

这才是最稳定的。

不要二十几岁的时候，活出了五六十岁的疲态；不要在本该奋斗的年纪，选择了安逸。

唯有如此，你的生命力以及未来，才不必依仗着谁，也不会白白浪费。你终有一天会比谁都“稳定”，但凭借自己的双手挣来的能力，永不消退。

28

所有的悔不当初，都是自食其果

青春没有“恢复出厂设置”这个选项，

时光一去不回头，

过去的和未来的都很难再待你温柔。

1

考拉先生曾经是寝室里最懒的人，那时候的他，穿鞋基本靠挤，拖鞋基本靠踩，最常做的运动是呼吸，最极限的运动是翻身，交作业的时候永远都推脱说是“落家里了”，考试成绩恒定地保持在倒数的位置上。那时的他，很胖、很邋遢，成绩糟糕，人缘也差。

关于懒，他还有自己的一套理论，说是懒促使了人类的进步：懒得手写，印刷术出现了；懒得爬楼，电梯出现了；懒得洗衣，洗衣机出现了。

再见到考拉先生时，他的形象发生了180度的大转弯。已经是某著名汽车品牌部门经理的他，穿着锃亮的皮鞋和利索的西装，帅气得让人几乎快认不出来了。

我打趣地对他说："懒惰孕育的又一伟大发明，难道是让考拉变勤快啦？"

他笑着回答说："不是所有懒都能孕育一个伟大的发明。偷懒的想法最多只是提供了一个出发点，进取心和努力才是发明的原动力。"

关于他的改变，我迫不及待地问起了原因。他就跟我讲起了从前。

刚毕业没多久，他就跟人去做生意，很快就失败了。接着开始炒股，又赔个精光。当他一贫如洗的时候，又遇上父母病重。

他这才意识到，懒惰是会上瘾的，懒惰上瘾了，会习惯；懒惰习惯了，就会堕落。

可是他还年轻，关于未来、关于生活，他比冬日的雾霾还要迷惘。

直到有一天，他和几个朋友去爬山，在一个人烟稀少的山沟里，看到了一家餐饮小店。让他吃惊的是，店里竟然人头攒动，一经打听，他才明白，大家都是慕名专程前来的。

慕名的对象，不是山上的风景，不是店里的美食，而是那个老板。

店里的人一边喝着咖啡，一边热闹地听老板讲风趣的故事。等故事讲完，客人散去之后，他就去找老板聊天。

他这才发现，老板是一位只有一条腿的残疾人。

他问老板，在人烟稀少的山上开了一家餐饮店，怎么会如此成功呢？

老板笑着对他说："做对了，做久了就成功了。"老板随后又给他展示了被自己打扫得光洁如新的坐便器，以及把几十斤重的咖啡机拆洗再重装的系列照片。

他完全被震惊了。他想象得出，一个残疾人要付出多大的勇气、毅力和努力，才能完成这些正常人都觉得辛苦的工作！

临走时，他向老板鞠了一个躬。而老板点点头，像是知道他所有的心事那样，鼓励他说："去做吧，虽然辛苦，但心不会苦。"

后来，他就从辛苦的洗车工开始干起，然后自学汽车维修，等他把汽车维修学成之后，又开始钻研销售技巧。一次偶然的机会，一个汽车品牌的老板在修理汽车的时候发现了他的销售天赋，便将其挖走，这才有了今天。

他无比感慨地说："一个懒惰的人，就是一所没有墙壁的房子，恶魔可以从任何一个方向住进来。从前那个懒惰的我，实在叫人失望，学习懒惰，工作懒惰，炒股也懒惰！"

懒惰地活着实在是太容易了，过一段懒惰而无趣的人生也很容易。但所有让人后悔的事情，都是因为没有去做，或者是没有努力去做。

英国作家塞缪尔·约翰逊曾说："懒惰和贫穷永远是丢脸的，所以每个人都会尽最大努力去对别人隐瞒财产，对自己隐瞒懒惰。"

可是，自欺欺人的结局，必定是自作自受。

2

我们常常能听见别人说，或者你自己也曾说过类似这样的假设：

“如果之前我多花点时间画画，现在也许已经是一名小有名气的插画师了。”

“如果当初我再努力一点，就会上个更好的大学了。”

“如果毕业后我能选择那家公司，也许今天的发展空间会更大。”

“如果当初我锻炼锻炼身体，也不至于像现在这么难看。”

……

可现实大家都很明白，根本就不存在“如果……”这样的事儿。请你记住：没有如果，只有结果。

大多数人在面对现实的窘境、困惑和残酷时，总会下意识地想要逃进由甜蜜想象堆砌起来的“天堂”里。说是掩耳盗铃也好，说是寻找所谓的“旧时梦想”也罢，这些假设，终归都是为了给当下的生活寻找一个出口。

但残酷的是，由“假设”构造出的出口，真能帮助你度过漫长而痛苦的蛰伏之路吗？

答案不言而喻。

有太多的人会因为一时的懒惰而放弃、遗忘制订好的计划和目标，久而久之，你就慢慢地远离最初的目标，或者偏离了计划，然后不停地妥协，改变计划，降低要求……再后来，你就完全失去了完成计划或目标的机会，步伐开始变得拖沓，内心变得难受，如此恶性循环下去，你的梦想变成了空想，变成了一事无成时聊以自慰的假象。

是的，也许你上了所不那么好的大学，遇见了个不那么体贴的恋人，又赶上不那么友善优渥的公司待遇。可是你这样反复和身边人唠叨着自己的悲惨境遇，动不动就幻想拥有一架时光机，去拥抱一下当年那个美好无辜的十六岁的自己，有用吗？

当你被梦想折磨得气喘吁吁，被坏情绪打击得有心无力的时候，你扪心自问一下，有没有跃跃欲试的勇气和决心呢？

其实，机遇不过是眨眼而过的兵器，错过了这件，下一件说不定更加锋利无比。比起机遇，更重要的是你的经验沉积和思维造诣，若是没有足够的担当和能力，没有足够的努力和坚持，又怎能撑得起完美的机遇呢？

请你记住，没有特别幸运，请先特别努力，别因为懒惰而失败，还矫情地归因于自己倒霉。不管你有多大的梦想，有多牛的想法，有多广泛的兴趣爱好，一懒毁终生。

3

你可以不读书，不冒险，不运动，不写作，不外出，不折腾……但是，人生最后悔的事情就是：我本可以。

你没好运气，是因为你没有“努力”这样东西来支撑你的底气；你没贵人缘，是因为你厌恶平凡，却又甘心沉溺于平凡。

所以，别总说时机不对，别总说自己碰不到合适的亲密爱人和优秀公司了，真正优秀的人，向来都是同平凡人一样去努力。

沉下心想想，就算给你一个全天下最有钱、脾气最好的恋人，他愿意看到喜欢的人整日四处抱怨却无动于衷吗？

就算给你一个比大公司CEO还高级、还霸气的工作机会，你就真能把手边事务处理得井井有条，比其他人优秀吗？

其实，对一切糟糕的结果进行逻辑反推，得到的结论不外乎都是“过程中的粗制滥造”。思想上的巨人，行动上的矮子，这也成了很多人厌恶却又乐在其中的成长游戏。

人生不允许假设，犯过的错、偷过的懒，不是说清空就能够清空的。当初的你，其实有很多选择，可你偏偏选择了不去做任何选择。

就算上一个三流学校，也可以在图书馆里吸取精华，而不是选择在宿舍里昏头大睡。

就算与不懂浪漫的人交往，也可以在琐碎中逐渐帮助彼此成长，或者觉得不合适干脆挥手告别，而不是纠缠在一起浪费时间、耽误青春。

就算你毕业、工作，撞上了最严苛的领导和福利不那么好的公司，也可以在工作中先积攒资源，提高技能，再找寻合适时机，提出加薪要求或跳槽到更好的地方去。

而不是等毕业才懂“知识可贵”，等恋人提出分手才发现“根本就不合适”，等工作尘埃落定、精力被榨干，同龄人都过上了像模像样的小资日子，你才幡然醒悟：“原来这不是自己想要的生活。”

你要知道，青春原本就没有“恢复出厂设置”这个选项，时光一去不回头，过去的和未来的都很难再待你温柔。

如果你仍将前进的希望寄托在“过去的美好想象”之上，仍然把成功的密码定义为“等好运来临”，那么我只能以无比邪恶的口气对你说：“别放弃你的梦，继续睡！”

29

你所谓的迷茫，只是清醒地看着自己沉沦

最可怕的事情是，无数个准备做一件轰轰烈烈大事的夏天，

最后都变成了什么愿望都没有实现的夏天。

1

咖啡馆里没几个人，昏暗的光线下有一张美丽而忧伤的脸，她叫乐乐，是我的表妹。她已经在远离家乡的城市里生活了三年，刚刚结束了一场长达七年的恋爱，此时的我是她的“情绪垃圾桶”。

“工作干得不顺心，那个可恶的总监总爱找我麻烦，辞职信都写好了，可二十多封求职信一个回复都没有。不敢辞啊！”

“现在自己的脾气被憋得越来越大，怕是更难遇到喜欢的人了，就算遇到了，人家也不一定能受得了我！估计这辈子就一个人过了。”

“有时候真想随随便便找个人嫁了，自己打拼真的好累。”

“房东说下个月要涨房租，我就抱怨了一句，他就说不租就换一家。当时特别想骂他，可最后一想到换房子和找工作、找对象一样难，我就忍了。”

……

表妹抱怨的事情源源不断地向我奔涌而来，我在她二十几岁的脸上看到了闪闪发光的两个大字：迷茫。

几乎每个人都曾有过这样一段惶恐不安又充满无力感的时光。你会觉得人生依旧拥有可能性，却又不太确定自己是否能实现。不确定自己能否成为自己想要成为的人，不确定自己能否过自己想要的生活。同时还在担心，自己还有没有足够年轻的资本去挥霍，去随心所欲。

因为远离家乡，你身边已经没有什么东西可以依靠；因为身在拥挤的人潮里，你找不到可以参照的方向。所以要么是毫无头绪地摸索，要么是放任自己，随波逐流。

你很焦虑，焦虑得想马上按下人生的暂停键，以便来训斥一下这个糟糕又慌张的自己。

不知道从什么时候起，“迷茫”被标配给了青春，它也就此跃上神坛，成了年轻人的精神偶像。于是你会发现：

上大学的时候，觉得时间多得像不要钱似的，不是睡觉，就是游戏，为什么呀？我迷茫啊！

求职的过程中，觉得跳槽像不费力似的，三天一换，七天一辞，为什么呀？我迷茫啊！

谈恋爱的时候，不是吵，就是闹，要么就是患得患失，要么就是各执己见，最后各走各的路，为什么呀？我迷茫啊！

你确定你所玩的游戏替你拨开了青春的迷雾？你确定你跳槽是因为公司不行？你确定你所经历的窘境阻挡了你和这个世界的相爱，而不是归咎于根植在你身体里的懒癌？

别以为生活欠你一个交代，你其实很清醒，只是你是在清醒地看着自己沉沦。

不幸的是，你成了这个世界上最不快乐的那种人：没能力，却有上进心；没天赋，却有梦想。结果是，越折腾，越难过。

在书桌前，你刚打开书就发现指甲该剪了，耳洞也痒痒的，找指甲刀、棉签的时候，又觉得书桌该整理了，于是顺带把摊开的书也放回书架。

在岗位上，你脑袋里不停地闪现着各式各样的关于未来的新想法，于是你不停地打破之前制订的所有计划，可每次看到工资单的时候都想要捅死自己，然而一转身又睡着了。

在沙发上，你偶尔也会觉得对不起父母，于是受挫的晚上胸怀大志，醒后又变成了“爱咋咋地”。

在空闲时，每次听完励志故事后你都热血沸腾，下决心要努力，然而过不了多久，又拿起了手机，刷微博，刷朋友圈，找段子，寻乐子……

你啊，总是间歇性踌躇满志，持续性混吃等死。说得难听一点，你是像猪一样懒，却无法像猪一样懒得心安理得。

其实，每个人都有机会去成为他想要成为的那种人。很多人也都为此行动过，不过很快就陷进了迷茫的泥坑里。他们不知道的是，不是井里没有水，而是挖得不够深；不是成功来得慢，而是放弃的速度太快了。

2

翻开乐乐的朋友圈，有不少很经典的段子，比如：

“我已经慢慢习惯了迷茫的感觉，它就像是被一场雾气掩住了真实的眼睛。眼前不是一片黑，而是变成了一片梦幻多彩的马赛克。其实又有什么区别，反正都是伸手不见五指。”

“本想把日子过成诗，时而简单，时而精致。不料日子却过成了我的歌，时而不靠谱，时而不着调。”

“明明大家都做相同的工作，为什么得到褒奖和晋升的总是别人？为什么自己像马一样勤奋，工资待遇却是原地踏步？为什么像牛一样劳累，得到的却是皮鞭？”

这让我想起了王小波的话：“人在年轻时，最头疼的一件事就是决定自己这一生要做什么。”这也戳中了很多年轻人的心，是啊，前路遥遥无期，好迷茫！

我想说的是，既然不知如何是好，不如踏踏实实地做点什么。比如去读书，去写点文字，去做一道精致的菜，去学习一项技能……请你记住：青春并不短暂，你也并非拥有太少的青葱岁月，而是拥有了太多你不用的时间，眼睁睁地看它淌尽。

网上有个很火的段子，写的是："我三十八岁那年，琢磨着要不要去读两年的放射线照相术学位。然后我跟朋友说这事，我觉得我自己太老了，等拿到学位时我都四十岁了。朋友说：'如果你不读，你还是会四十岁，一个没有学位的四十岁。'我现在已经六十岁了，那个学位证书改变了我整个生活。"

你看，很多时候，我们都知道要什么，甚至是要做什么，但是知道了以后，仍然不做，这就是你一直没有成长或成功的原因，没有之一。

还有一些迷茫，是因为不知道要做什么。于是，"想要改变，却没有方法"变成了最大的折磨，这也是迷茫的一大症结。

这让我想到了一则寓言，说是一匹马、一头驴听说唐僧要去西天取经。驴觉得此行困难重重，便放弃了；而马却立刻追随而去，经历九九八十一难，取回真经。驴问："兄弟，是不是很辛苦啊？"马说："其实在我去西天这段时间，你走的路一点不比我少，而且你还被人抽打。所以你应该更辛苦啊。"

你看，努力辛苦，但混日子更辛苦。最难看的辛苦，是内心的迷茫和无知。

任何人与事的成功都无法一蹴而就，每一阶段的抵达，身后都是一步一个脚印的积累。只要不急不躁，耐心努力，保持对新事物新领域探索的好奇，就是行进在成为更好的自己的路上。

如果你实在不知道怎么做，那就好好花心思打点自己的外形，慢慢改善自己的生活态度与求知欲，跟上新科技、新技能的潮流，坚持阅读与运动，来丰富自己的内在。你要相信，男神女神所拥有的一切，你也可以得到。

正在努力，却依旧是个普通人的你，如果停止努力，那么你就会变成一个“既累，又穷，还失败”的普通人。但如果你熬过去了，这些努力就成了你的成人礼；熬不过去，求饶了，你就掉进了迷茫的无底洞。

3

一次偶然的机会，我进了一个大学生论坛，参与讨论最多的一个帖子是“做什么都提不起精神，你该怎么办才好”。

里面有个留言，我印象很深刻。他说他整个大学过得糟透了。尤其是专业课，每次考试他都是靠临时抱佛脚险过，然后就这样浑浑噩噩地过了四年。马上要毕业了，眼看着周围的同学考研的考研，签约的签约，每个人都很有目标，唯独自己像只无头苍蝇，不知道到底要做什么。

这种感觉，我也有过，所以特别理解，那种因为浑浑噩噩又自认为一无是处的感觉确实很糟糕。但我希望你明白的是，不是每个人都那么走运，能够一下子就知道自己喜欢什么，或者发现自己想要什么。但你可以通过做好手头的小事来积攒自己的能力，为以后谋出路。不论是认真练习写作，还是送报纸、发传单……任何小事里面都隐藏着财富，这就像是在沙场里淘金子，当你没有能力发现大矿藏的时候，你就得多花点力气，从小处寻找契机和经验。

在迷茫面前，与其坐等奇迹主动发生，不如主动迎击，摒弃无谓的杂念，专注做好眼下的每一件小事，正是这些小事才能培养出自己今后在工作方面的诸多能力。

这让我联想到了另一句话："种树的最佳时间是二十年前，仅次于它的最佳时间是现在。"是啊，怕就怕，在明年的某个时候，你会埋怨自己说："要是那时就行动了该多好。"

乔布斯曾说过一段让无数年轻人动容的话："'记住你即将死去'是我一生中遇到的最重要的箴言，它帮我指明了生命中重要的选择。因为几乎所有的事情在死亡面前都会消失，我看到的是留下的真正重要的东西。你有时候会思考你将会失去某些东西，'记住你即将死去'是我知道的避免这些想法的最好办法。你已经赤身裸体了，你没有理由不去跟随自己内心的声音。"

遗憾的是，现在已经很难听见谁能够骄傲地说自己做的事情是因为追随内心的声音。更多的人是在别人的努力面前无动于衷，在迷茫的内心里无法自拔，然后拿一堆借口搪塞自己、欺骗自己。

青春在本质上是充满善意的，它在将我们带进死胡同的时候，也给了我们走出死胡同的时间。但偏偏有些人，会选择在死胡同的墙根下坐着等死。可就算你在那儿搭个棚子，摆个摊子，逢人就讲个段子，给无聊的日子找到了乐子，也无法改变那是死胡同的事实。

最可怕的事情是，无数个准备做一件轰轰烈烈大事的夏天，最后都变成了什么愿望都没有实现的夏天。

30

在最容易了不起的年纪，你怎么敢甘于平凡

最可怕的并非是生活的平凡，

而是正在过着一种平庸的生活，还觉得理所当然。

1

毕业这几年，我没少加 QQ 群、微信群，这两天就又加了一个初中同学的微信群。尽管距离初中毕业已经十几年了，但热情的小伙伴们依旧健谈，像是从来都没有分别过、没有陌生过一样。

闲谈之间，熟络的聊天很快变成了有意无意的攀比。谁谁谁当了老板，年薪百万，谁谁谁在他大姑父家的会所门前看车，谁谁谁当了电商达人，还有谁谁谁结婚生子了……反正，每一个人都有了时光雕刻的痕迹，只是有些人的变化显得理所当然，而有些人的变化却出人意料。

其中最让人印象深刻的是班上两个寝室的女生。

每个寝室当时有 8 个人。一个寝室的学习成绩不那么好，而且 8 个人都比较懒散，她们既不是班干部，也没有学习成绩上的追求。每天的生活就是嘻哈打闹聊八卦，可能最多的想法就是考上一个好的高中吧。

另外一间寝室却是班上的女精英集合，不仅成绩在班上名列前茅，班干部也全部集中于此，各种集体活动她们踊跃参加，绝不做看客。

懒散的和上进的自然也没什么交集。到了今天，聪明的你肯定已经猜到结局了——是的，两个寝室的人的差距越来越大了。

这确实是个残酷的世界，但在用实力说话面前，一切又都显得特别平等。上进的、勤奋的一定会得到更多的机会，而懒散的、不求进取、得过且过的只能平庸。

更为残酷的是，也许最初每个人的差距只是一所高中的差别，然后是一所大学的差别，再然后，就是学历、身份、学识、经历、见解、财富、地位的差别。进取的寝室里有医学研究生，有电视台主持人，有职场达人，有商人，而自甘平凡的寝室里依旧是平凡的大多数。因为甘愿平凡，还安慰平凡可贵的她们没有去弥补与别人的差距，只有被现实甩到后面。

你看，平凡其实是自己选择的。

甘于平凡的人有三个特征：

第一个是读书少，书是通往智慧的桥梁，让你看得见自己，看得见别人，看得到未来；

第二个是交际圈子小，越是停留在自己的小圈子，就越孤陋寡闻，久而久之，便会没有自信，更没有和优秀的人交往的渠道；

第三个是不旅行，读书不如旅行，走出去才知道什么是伟大和渺小。

总的来说，要不要奋斗，归根结底，取决于你想做什么样的人，过什么样的人生。

其实这是个伪命题，讨论它是没有意义的。因为只要你认为对的、喜欢的事，就去做，去实现，在这一过程中你是感觉不到奋斗的挣扎的，有的只是享受。

2

平凡并不可怕，可怕的是你甘于平凡。

十几岁的时候，你在学校里煎熬，便着急长大，因为你羡慕二十几岁的人有一份安稳的工作，买得起房、买得起车，有时间出门旅游，有闲钱做生意，生活可以过得有滋有味。

可到了二十几岁，当你毕业、真正地长大了，平凡的你，却为何又如此惶恐不安？

原来，最痛苦的不是梦想泯灭，夭折于现实，而是现在回望年少时热血沸腾的梦想，如今再难启齿。

原来，最可怕的并非是生活的平凡，而是正在过着一种平庸的生活，还觉得理所当然。

人生是在进行着无数次入围与淘汰的比赛，无论入围，还是淘汰，你都应该有一份超越自我、挑战自我、战胜自我的决心，以及一份不甘落后的精神。只有这样，你才能成为那个与众不同的、优秀的自己。

是的，不甘于平凡的意义中，本就包括了“想与众不同”的意思，或许跟年轻气盛有关，也或许是跟价值取向有关。但总之，是因为我们不愿意只是芸芸众生而已。

你若是羡慕画家、作家，那么你就朝那个方向去努力；若是羡慕政客、商人，那么你就往那个领域去尝试；若是羡慕明星、大腕，那么你就往那个行业付出……而不是端坐在电脑前，等着日子像翻书一样过去，然后以为到了某个年纪，就能得到自己羡慕的一切。

你要明白，你所羡慕的，都是需要付出才能得到的，与年龄无关。

有人说，青春原本应该张牙舞爪，去想去的地方，成为想成为的人，于是有了太多“说走就走”的说辞，提前透支存款挥霍，问父母要钱满足自己招摇过市的虚荣。你要明白，真正的不凡，是有勇气、有能力把今天过好，把循规蹈矩的生活过出五颜六色的光芒，而不是听信“再不旅行就老了”“再不为自己而活就没机会了”。这些别人嘴里看似疯狂的资本，只是他们平庸无趣生活的假象罢了。那种不负责任的勇敢，其实更像是懦弱无能的模仿和毫无主见的跟随。

希望你，莫让那个不甘平凡的自己沉溺于让自己变得平凡的幻想中。

放下你的浮躁，放下你的懒惰，放下你的三分钟热度，放空你禁不住诱惑的大脑，放开你容易被任何事物吸引的眼睛，放淡你什么都想聊两句八卦的嘴巴，静下心来好好做你该做的事，该好好努力了！

3

朴树的《平凡之路》刚发布的时候，就引起了以“80后”为主的男女青年们莫名的感动。

数以百万计的人从这首歌里汲取到了不一样的力量，好像每个人的灵魂都因此而得到了似是而非的升华。可似乎每个人都只是看到了歌名，听到了旋律，而忘了读歌词。

歌词说得很明白，“我曾经拥有着的一切，转眼都飘散如烟，我曾经失落失望，失掉所有方向，直到看见平凡才是唯一的答案”。

这是一种既诗意又直白的表达。换句更为直白的话说便是：“大爷我已经吃遍了这世上的珍馐美味，其实都不如家乡的韭菜盒子。”“大爷我胡吃海喝惯了，现在终于看明白了平凡的意义。”

奇怪的是，大家是如何被引起共鸣的呢？你又有什么资格表现出风轻云淡呢？

电影《等风来》里面有一句很刻薄的台词，但说得很在理：“还没高调的资格呢，就嚷嚷着低调；还没活明白呢，就开始要去伪存真。这是一种最损己不利人的行为，自己活得假，别人看着特别累。”

甘于平凡的前提是你可以不平凡，可惜人群中百分之九十的人都没有这个资格。有些人的了不起看起来很容易，比如朴树十年只出两张专辑，就可以衣食无忧；韩寒做个电影，转身就可以买十几辆法拉利。

可你呢，你有什么？居然也好意思向往平凡！

也许不经意间，你身边就可以出现一位百万富翁，或者某个政治新星、电影明星……那么，赶快卸下甘于平凡的伪装吧！机会不是别人给的，而是靠自己争取的。

在最伟大的变革时代，你怎么可以平白挥霍每一天？在最容易了不起的时代，你怎敢甘于平凡？

人类之所以成为人，不是因为哪只猴子甘于平凡，而是它在尝过火烤食物后的内心深处涌起的无尽欲望，如果当时它的脑海里涌现的是“其实吃点野果也挺好”的想法，那么现在大家还在树上吃又酸又涩的野桃子呢！

更为可怕的是，我们无法预知未来，而时光这种东西充满了魔性，它也从来不会提醒你以后会发生什么，只是看着你，像个傻子一样靠在沙发边，沉沉睡去。

31

不要假装努力，结果不会陪你演戏

可悲的是，
很多人似乎只有用“忙”才能找到自己的存在感，
显得自己举足轻重。

1

我刚认识小鹏的时候，他才大二。那时候的他很阳光，爱学习又懂礼貌，每次在学校里遇见他，都会看到他捧着一大堆书，不是在去自习室的路上，就是在自习室。

大家都知道，小鹏在准备考研。是的，从大二就开始准备要考研，大家都觉得小鹏很了不得。

与此同时，在小鹏的朋友圈和微信上，时不时会出现类似于“这个礼拜马哲学得好辛苦”“下礼拜要参加英语补习班了”“明天争取学满十四个小时”这样的消息，总能引来一大堆人点赞和评论。

可到五年后，他依旧是考研大军中的一员。翻开他的朋友圈和微博，依旧是各式各样自习的样子、做笔记的样子、努力的样子……

另一个朋友H是个才入职两个月的职场菜鸟，可一翻开她的朋友圈，你会被她那近乎窒息的忙碌吓到：“起个大早，要去挤清晨六点的地铁。”“现在才下班，不知道赶不赶得上晚上九点的末班车。”“午饭都来不及吃，只好忙着啃面包，哎呀，一堆资料要处理。”“凌晨两点二十分，看来要奋战到天亮了。”

事实真的是这样吗？你可能想象不到的是，她一个月可能就有那么一次在挤清晨六点的地铁，而那次只是因为要出差；她可能平均每隔十分钟就会刷一次朋友圈和微博，然后在自己的座位上为某个段子笑得乐不可支。

至于那次午饭都来不及吃，以及凌晨两点多还在加班，那都不过是因为她在漫长的工作时间里，在和人聊着八卦，刷着新段子……

任何不做计划的“努力学习”，都只是作秀而已；任何没有走心的“自强不息”，都只是看起来很努力。

看起来很努力的人总喜欢把自己少得可怜的忙碌进行浓墨重彩的渲染，以塑造自己自强不息的奋斗形象，而对懒惰的部分避而不提，或者是遮遮掩掩地找理由。

等到月末年终，当他们惊讶地发现自己的成绩、职业发展仍是停滞不前，甚至每况愈下时，又免不了怨天尤人：“我天天这么忙，为何还是混得这么惨？”

借个歇后语来说，就是叫花子赶夜路——假忙。是的，你看起来日日熬夜，夜夜加班到天明，却不过是拿着手机点了无数个赞，看了无数个八卦帖子；你看起来是准时准点地早起去自习，却只是在补全昨天晚上没睡够的觉；你看起来是捧着书端坐了一下午，却真的只是坐了一下午……

你看那湖面上优哉游哉的白鹅，虽然看起来毫不费力，但实际上是因为你没看见它们奋力踩“油门”的脚掌，而那些在池塘里拼命扑腾的旱鸭子，看似动静很大，其实也只是兜着圈儿……

与之相对应的是另一拨人，他们看起来不学无术，看起来吊儿郎当的，可每次成绩都名列前茅，每件事情都完成得漂漂亮亮的。

他们绝不是天赋异禀，也不是偷工减料，而是在学习、在努力的时候没有被别人看到而已。更为准确的说法是，他们努力是给自己看的。

其实，没有人知道自己人生的路会怎样走，或者有多长，也不知道自己的内心究竟能够坚持奔跑多久，但总有一部分人能够清楚地意识到，只要自己努力地向前走，就是对自己的人生最好的褒奖。

更重要的是，自己那么努力，不是为了感动谁，也不是为了证明给谁看，而是因为不甘心，不甘心那个自认为最好的自己被命运无情地遗弃，所以日日夜夜告诉自己要真的努力。

对啊，不如就做个真真切切的自己吧，依照自己的内心前行，不回头，也不用环顾四周。

不管别人说什么，表扬或者批判什么，都跟你无关。比不上你的，才议论你；比你强的，人家忙着赶路，根本就懒得多看你一眼。

2

经常听到有人抱怨：“我每天都是第一个到公司，几乎都是最后一个离开的，而他每天都是掐着点来，掐着点离开。论勤奋程度，我甩他几条街。论个人能力，我也绝对不比他差。为什么老板就是看不到这一点，反而提拔他了呢？”

或者有的家长嘀咕过这样的忧虑：“我家孩子学习特别刻苦，几乎每天都要学到十一二点钟，但成绩就是不上不下。甚至有些原来成绩不如他，也远不如他勤奋的同学都纷纷反超。”

为什么会这样？明明付出了比别人更多的努力，但别人似乎就是看不到，甚至老天爷也没看到，没有给予相应的回报。

在年纪轻轻的时候，急着岁月静好是丑陋的，与之同等丑陋的就是“假装很忙”。骗观众的点赞容易，骗自己很忙更容易，只是，骗这个世界的因果，有点难。

一些看似“忙碌”的人，他们只是在追求事务的数量，而并非事务的含金量；他们想的是如何做完一件事情，而不是如何做好一件事情；如果有十件轻而易举的任务和一件非常艰难的任务，他会毫不犹豫地选择前者。他们沉迷和标榜的这种低质量的“忙碌”，不过是懒惰的另外一种体现。

那么你呢？

你已经多久没有读过完整的一本书？

你已经多久没有对某一问题进行深入思考？

如果每一个任务只要按部就班就能大功告成，每个证书只要背书、刷题就能唾手可得，那你的这些成就还有什么含金量可言？

那什么是真正意义上的忙碌呢？

我的理解是，真的做了一些事，下了真功夫，完成了某项计划，做出了一些成果，绝不是忙而无功、忙而无益，以及不知道为什么忙。

单纯从忙碌的动机看，一种是陷入了自找麻烦的怪圈，自己忙乱；一种是看起来很忙，其实一点功劳都没有；还有一种是自我麻痹的忙，麻痹自己去安于现状，不思进取。

其实，人与人的差别，就在于如何调动自己，如何利用时间。有的人忙并快乐着、忙并收获着，有的人却忙并肤浅着、忙并焦虑着。

亦舒就曾给“真忙”和“假忙”做了甄别：真正的忙人日理万机、举足轻重；真正的忙人很少心急慌忙，四周乱扑，力不从心；真正的忙人姿态从容。而那些口口声声抱怨忙得不可开交、忙得欲仙欲死的只是假忙人，假忙是能力不足引起的幻象。

假忙之人的勤奋往往流于形式，并且容易陶醉于“我在进步”

的假象当中，反而疏忽了真实付出的努力。说得难听一点，这其实是在用“勤奋”来安慰自己的懒惰。

3

很多人，总是既不想付出与回报相称的努力，又想尽可能多地获得存在感和成就感，于是只能靠发出很大的响声来吸引别人的注意，以及掩盖自身的贫瘠。

其实，你只是假装很努力。

有人感慨道，我们整天忙忙碌碌，像一群群没有灵魂的苍蝇，喧闹着，躁动着，听不到灵魂深处的声音。时光流逝，童年远去，我们渐渐长大，岁月带走了许许多多的回忆，也销蚀了心底曾经拥有的那份童稚的纯真。我们不顾心灵桎梏，沉溺于人世浮华，专注于利益，把自己弄丢了。

于是，忙碌的最初目的是“享受生活、回报父母、满足爱人，变得无私”；可忙碌的结果却变成了“享受不了生活、远离了父母、冷落了爱人，成了自私”。

作家张天翼曾以讽刺的笔法，塑造了一位天天喊忙的“华威先生”。他天天忙着开会与讲话、吃请与请吃，“我恨不得取消晚上睡觉的制度”“我希望一天不止二十四小时”……这种假装很忙，做给人看的忙，只是看起来很忙，最后只能是成为众人的笑谈。

在我们身边，或者就是你自己，或多或少地都有些华威先生的影子。一个接一个的会议、一波连一波的应酬，有加不完的班、接不完的电话，有家很少回、有书很少看。忙得没有了方向，忙得没有了主张。

可悲的是，很多人似乎只有用“忙”才能找到自己的存在感，显得自己举足轻重。

于是，很多人都在忙碌或假装忙碌着，谁也没有时间停下来思考“究竟为什么而活着”，或者根本不愿去想。因为，掀开表象，怕是一片血肉模糊的现实——安于平庸又不甘平庸，所以假装努力，以便宽慰自己。

扪心自问，为什么那个有理想、肯努力的自己，最后还是没得到满意的成果？

为什么那个背着行囊、始终站在路上的自己，却始终走不到要去的远方？

到底是自己真的努力了，还是只是看起来很努力？

图书在版编目（CIP）数据

最怕你一生碌碌无为，还安慰自己平凡可贵 / 老杨的猫头鹰著 . -- 北京 : 新世界出版社，2024. 4
ISBN 978-7-5104-7631-0

Ⅰ. ①最… Ⅱ. ①老… Ⅲ. ①成功心理—通俗读物 Ⅳ. ① B848.4-49

中国版本图书馆 CIP 数据核字（2022）第 228126 号

最怕你一生碌碌无为，还安慰自己平凡可贵

作　　者：老杨的猫头鹰
责任编辑：丁　鼎
责任校对：宣　慧
责任印制：王宝根
出　　版：新世界出版社
网　　址：http://www.nwp.com.cn
社　　址：北京西城区百万庄大街 24 号（100037）
发 行 部：（010）6899 5968（电话）　（010）6899 0635（电话）
总 编 室：（010）6899 5424（电话）　（010）6832 6679（传真）
版 权 部：+8610 6899 6306（电话）nwpcd@sina.com（电邮）
印　　刷：吉林省吉广国际广告股份有限公司
经　　销：新华书店
开　　本：880mm × 1230mm　1/32　　尺寸：145mm × 210mm
字　　数：210 千字　　印张：8.25
版　　次：2024 年 4 月第 1 版　2024 年 4 月第 1 次印刷
书　　号：ISBN 978-7-5104-7631-0
定　　价：49.80 元